浙江省机动车驾驶培训教练员继续教育教材

（2011—2012）

浙江省汽车驾驶员培训行业协会

人民交通出版社

内 容 提 要

本书为浙江省2011—2012年机动车驾驶培训教练员继续教育教材。全书共五章,主要内容为残疾人驾驶证申领相关规定,机动车驾驶人、骑车人及行人的生理心理分析,各种交通情况下的驾驶应对措施,交通事故的常见原因与防范,摩托车安全驾驶教学等。本书也可供其他省份机动车驾驶培训教练员继续教育使用。

图书在版编目(CIP)数据

浙江省机动车驾驶培训教练员继续教育教材:2011~2012/浙江省汽车驾驶员培训行业协会编. --北京:人民交通出版社,2011.1

ISBN 978-7-114-08811-7

Ⅰ.①浙… Ⅱ.①浙… Ⅲ.①机动车—教练员—终生教育—教材 Ⅳ.①U471.1

中国版本图书馆CIP数据核字(2010)第248059号

书　　名: 浙江省机动车驾驶培训教练员继续教育教材(2011-2012)
著 作 者: 浙江省汽车驾驶员培训行业协会
责任编辑: 顾熵鲁　曹仁磊　何　亮　王金霞
出版发行: 人民交通出版社
地　　址: (100011)北京市朝阳区安定门外外馆斜街3号
网　　址: http://www.ccpress.com.cn
销售电话: (010)85285969、85285966
总 经 销: 北京金飞图书发行中心
经　　销: 各地新华书店
印　　刷: 北京市密东印刷有限公司
开　　本: 787×960　1/16
印　　张: 10
字　　数: 129千
版　　次: 2011年1月　第1版
印　　次: 2011年1月　第1次印刷
书　　号: ISBN 978-7-114-08811-7
印　　数: 00001-20000册
定　　价: 20.00元

编写领导小组

（按姓氏笔画排序）

组　长：陈永林

副组长：胡群力　陈志顺

成　员：王鸣华　尤　虹　叶文呈　朱中冬　庄新华
牟宏宇　严茂良　陈　新　林炳荣　麻勇进
潘洪锋

评审专家组

（按姓氏笔画排序）

组　长：胡群力

副组长：陈志顺　曹兴强

成　员：万　丽　马勤超　王永金　王守杰　仇小军
孔方桂　叶爱伟　张　伟　张轶宁　周志平
周晓峙　单翠霞　钱晓鸣

编　写　组

（按姓氏笔画排序）

组　长：陈志顺

副组长：吴晓斌　陈运清　李哲毅

成　员：王卫平　王金夫　王哲强　刘文哲　许天宏
杨友华　李国周　何春谊　陈锡征　邵小进
林国平　林炳荣　罗育民　周良平　周　斌
洪田萍　袁　亮　梁皓晟　韩　艳　颜　艳

前 言

随着“学驾热”和“购车热”的出现，浙江省的“学驾”人数剧增，2009年突破百万大关后继续攀升。这给驾培行业管理和驾培机构内部管理带来了巨大的压力：驾校越办越多，教练车数量突破两万辆，教练员队伍日益壮大，管理的复杂程度也随之增加，社会对驾培行业特别是教练员职业的关注度也越来越高。教练员的职业道德、业务素质成为社会议论的热点问题。

浙江省驾培行业从2005年开始实施规范化教学活动以来，浙江省道路运输管理局群策群力，相继举办了全省理论教练员、操作教练员教学技能比武，还先后对全体教练员实施了以宣贯《中华人民共和国机动车驾驶培训教练员从业资格考试大纲》为主题的继续教育，为进一步提高教练员汽车维护运用专业知识技能还开展了第一轮继续教育活动。这些培训不仅规范了机动车驾驶培训教学，还有效提高了浙江省驾培行业从业人员的基本素质，进而提高了培训质量，得到社会的一致好评。

近年来，交通管理部门和社会各界对“学驾”安全、新手上路后行车安全的关注度日益提高。2007年4月1日开始实施的《机动车驾驶证申领和使用规定》（公安部令第91号）中的考试标准与之前标准的最大区别在于，该规定中的标准更加注重考核应试者的安全意识与安全技能。一言以蔽之，应试者即便有良好的驾驶技能，如果安全意识和安全技能不达标，依旧会被判定为不合格。学员要想成为一名合格的机动车驾驶人，不仅需要在教练员指导下通过反复训练来提升控车能力，更需要在此基础上养成良好的安全行车意识，掌握安全行车的科学知识和技能。

教练员培训教材《安全驾驶的引路人》提出了“安全意识教育是驾驶培训的重中之重，在教学过程中教练员要抓住安全教育的主线，将其贯穿在驾驶培训的各个环节”的科学理念，并设计出“安全驾驶知识的组成”框架。但是，或许是鉴于教材篇幅的限制等原因，教材未能在这方面予以展开和深入。俗话说：给人一杯水，己先需有一桶水。而现实状况是，教练员的安全驾驶知识和技能多来自实践的点滴积累，谈不上广博、系统，更谈不上深入，换言之，是知其然者多，知其所以然者寡。不少教练员在教学过程中往往被喜欢刨根问底儿的学员问得面红耳赤，甚至无言以对。为改变这种令人尴尬的局面，经过多次调研，我们明确了 2011 年和 2012 年教练员继续教育的主题——安全驾驶理论与实践知识，相信会对教练员业务素质的稳步提高和驾培质量的持续提升，产生积极而深远的影响。

本教材从策划、组织编写到统审稿，始终在浙江省道路运输管理局领导之下进行。陈永林副局长亲任编写领导小组组长，胡群力处长任评审专家组组长，陈志顺任主审，杭州技师学院吴晓斌任主编，浙江交通技师学院陈运清、宁波宁工院汽车驾驶学校李哲毅任副主编。全书由林炳荣、单翠霞负责统稿，参加本书编写工作的有杭州技师学院罗育民（第一章）、颜艳（第二章），浙江交通技师学院王哲强（第三章），宁波宁工院汽车驾驶学校周良平（第四章），浙江交通技师学院邵小进（第五章）。温州娄桥机动车驾驶学校有限公司、台州市一通驾驶员培训学校有限公司的部分领导和教师也参与了编写大纲的拟定与教材内容的审定等工作。由于我们对安全驾驶知识的探讨还不够深入，加之编写时间也比较仓促，本书难免有疏漏之处，诚望大家予以批评指正。

浙江省道路运输管理局局长

目 录

第一章　交通法规知识

2009—2010 年教练员培训已对驾驶人培训相关法律法规进行了系统介绍。本章主要针对国家新出台的关于残疾人驾驶证申领相关规定和《机动车驾驶证申领和使用规定》（公安部令第 111 号）进行讲解。

第一节　残疾人驾驶证考领相关规定

驾驶汽车是残疾人参与社会生活的平等权利和重要条件。随着国家经济社会发展和人民生活水平的提高，广大残疾人朋友驾驶汽车的诉求日趋强烈。党中央、国务院十分重视残疾人驾车权益保障工作。在各相关部门的共同努力和推动下，残疾人驾驶汽车工作取得了积极进展。相关部门制定了《肢体残疾人驾驶汽车的操纵辅助装置》（GB/T 21055—2007）。2009 年 12 月 7 日，公安部发布了新修订的《机动车驾驶证申领和使用规定》（公安部令第 111 号），允许右下肢、双下肢缺失或者丧失运动功能但能够自主坐立的残疾人驾驶专用小型自动挡载客汽车，允许佩戴助听设备能够达到规定条件的和手指末节残缺或右手拇指缺失的残疾人驾驶小型汽车、小型自动挡汽车，规定于 2010 年 4 月 1 日起实施。2010 年 3 月 4 日，中国残疾人联合会、工业和信息化部、公安部、交通运输部、卫生部、工商行政管理总局、国家质量监督检验检疫总局等七部委联合发布《关于切实做好残疾人驾驶汽车相关工作的通知》（残联发〔2010〕29 号），要求各地做好残疾人汽车驾驶的有关工作，这对于保障残疾人权益、弘扬尊重残疾人价值权利的理念具有十分重要的意义。

一、残疾人驾驶证的准驾车型及代号

根据《机动车驾驶证申领和使用规定》，右下肢或双下肢残疾人可以申请残疾人专用小型自动挡载客汽车准驾车型的驾驶证，代号为C5，驾驶的车辆包括残疾人专用小型自动挡载客汽车。限定为小型载客汽车，主要是为了满足残疾人驾车出行需求，暂时还不考虑将涉及营运问题的货运车辆纳入准驾范围。限定为自动挡汽车，主要是考虑到自动挡汽车操纵方便，是国际上残疾人驾车的通用车型。

二、申请残疾人驾驶证的一些特殊要求

在允许残疾人驾驶残疾人专用小型自动挡载客汽车的同时，如何保障残疾人的出行安全显得尤为重要。公安部借鉴国外的通行做法，对残疾人申请和使用驾驶证作了具体规定，并明确了残疾人驾驶汽车的义务。一是规定右下肢或双下肢残疾人申请驾驶证的，应当经由省级卫生主管部门指定的专门医疗机构进行身体检查，对其残疾程度、坐立能力、操作能力等进行专门评估，评估合格的才可以申请驾驶残疾人专用小型自动挡载客汽车，以保证残疾驾驶人身体状况符合驾驶条件，保障驾驶安全。二是规定持有残疾人专用小型自动挡载客汽车驾驶证的，每三年以及驾驶证期满换证时，应当进行一次身体条件检查，既考虑残疾人行动不便的特点，又保证公安交通管理部门能及时掌握残疾驾驶人的身体状况。三是规定右下肢和双下肢残疾人驾驶的车辆为加装相关辅助装置的小型自动挡载客汽车，主要是为了满足残疾人驾车出行需求，且自动挡汽车便于操作，是国际上残疾人驾驶的通用车型。需要强调的是，准予左下肢残疾人以及有听力障碍、手指残缺人员驾驶的小型汽车和小型自动挡汽车不属于残疾人专用车型。四是规定残疾人驾驶专用小型自动挡载客汽车时，应当在车身前部和后部设置专用标志，便于其他车辆辨识，为残疾人驾驶汽车提供特别帮助，并保障残疾驾驶人在停车泊位等方面的优先权。五是规定有听

力障碍的驾驶人在驾驶车辆时，应当佩戴助听设备，保证行车安全。六是鉴于辅助装置直接影响车辆安全，应当由专门机构或专业技术人员操作，不得擅自安装和拆卸。

三、申请残疾人驾驶证的具体程序

右下肢、双下肢残疾人申领残疾人专用小型自动挡载客汽车驾驶证的具体程序。

（1）右下肢、双下肢残疾人应当到省级卫生主管部门指定的专门医疗机构进行身体检查，并领取有关身体条件的证明。

（2）身体检查合格后，到户籍所在地或暂住地车辆管理所申请驾驶证，申请时应当填写《机动车驾驶证申请表》，并提交申请人的身份证明和经省级卫生主管部门指定的专门医疗机构出具的有关身体条件的证明。

（3）车辆管理所受理申请后，申请人可以到专门的驾驶培训学校或培训机构学习道路交通安全法律、法规和相关知识，并进行驾驶技能训练。

（4）培训结束后，申请人按照预约考试的时间，分别参加科目一（道路交通安全法律、法规和相关知识）、科目二（场地驾驶技能）和科目三（道路驾驶技能）考试。三个科目考试合格后，车辆管理所在两个工作日内核发残疾人专用小型自动挡载客汽车驾驶证。

需要说明的是，申请残疾人专用小型自动挡载客汽车准驾车型的考试，除考试车辆为残疾人专用小型自动挡载客汽车外，考试科目、内容和评判标准与小型汽车、小型自动挡汽车的有关考试要求一样，没有特殊规定。

四、对残疾人驾驶汽车的关爱

为体现对残疾人驾驶汽车的关爱，《机动车驾驶证申领和使用规定》（公安部令第 111 号，以下简称第 111 号令）规定，持有准驾车型为残疾人专用小型自动挡载客汽车的机动车驾驶人驾驶机动车时，应当按规定在车身前部和后部设置残疾人机动车专用标志。同时，第111号令统一了残疾人机动车专用标志。残疾人机动车专用标志为国际通用的蓝色轮椅残疾人标志图案，供右下肢、双下肢残疾人驾驶残疾人专用小型自动挡载客汽车时在车身上设置。设置时，应在车辆车身的前后部分别粘贴，粘贴的位置应距离地面0.4～1.2m。这项规定是国际上的通行法则，主要是为了体现对残疾人驾驶汽车的关爱和保护：一是警示其他车辆注意安全和礼让。二是保障残疾人驾驶员在停车泊位等方面享有优先权。2010年1月1日正式实施的行业标准《城市道路路内停车泊位设置规范》明确规定了路内停车泊位应考虑设置残疾人专用停车泊位，其数量应不少于停车泊位总数的2%。

五、残疾人驾驶培训教学大纲

为进一步加强机动车残疾人驾驶人素质教育工作，规范残疾人驾驶培训机构教学行为，提高培训质量。根据中国残疾人联合会等七部委联合下发的《关于切实做好残疾人驾驶汽车相关工作的通知》要求和《中华人民共和国道路交通安全法》、《机动车驾驶员培训管理规定》、《机动车驾驶证申领和使用规定》等有关法律和规定，交通运输部于2010年5月初发布了《中华人民共和国机动车残疾人驾驶培训教学大纲（试行）》（交运发〔2010〕218号）。浙江省交通运输主管部门及时进行了转发，并结合浙江省实际提出了宣贯要求。

按照大纲要求，机动车残疾人驾驶培训教学总学时为86学时。每个学员的理论培训时间每天不得超过6个学时；实际操作培训时间要根据学员身体的实际情况灵活掌握，原则上每天不得超过4个学时。

为切实保障残疾人驾驶人权益，浙江省规定残疾人驾驶人培训收费标准参照《关于规范机动车驾驶员培训收费管理的通知》（浙价服〔2007〕130号）的相应车型执行。同时，浙江省规定C5车型IC卡学时为35小时，实车训练学时为32小时，模拟器实际教学学时为12小

时（折合IC卡学时为3小时）。

残疾人C5准驾车型的考试科目、内容和评判标准与小型汽车、小型自动挡汽车的有关考试要求一样，没有特殊规定，《中华人民共和国机动车残疾人驾驶培训教学大纲（试行）》中重点增加了与残疾人训练相关的一些特殊内容和要求。

第一阶段增加了残疾人驾驶汽车的操纵辅助装置控制原理、方式和功能，残疾人驾驶汽车的操纵辅助装置的操作方法和操作要领；上车后轮椅或拐杖的放置方法；转向盘、转向盘控制辅助手柄、制动和加速迁延控制手柄、转向信号迁延开关或者驻车制动辅助手柄、照明和信号装置及其他操纵装置的正确操作方法；残疾人机动车驾驶证申领和使用的规定、驾驶人考试标准和要求等内容。在后面几个阶段中，主要从操纵辅助装置的特殊性出发，增加了在各个训练阶段中需要特别注意的一些内容。

第二节 《机动车驾驶证申领和使用规定》修订内容

《机动车驾驶证申领和使用规定》（公安部令第111号）是在原公安部令第91号的基础上修订的，主要有以下几个方面的新变化。

一、放宽申请驾驶证身体条件，允许右下肢、双下肢残疾人驾驶汽车

第111号令从下肢、手指、听力等三个方面进一步放宽了申领驾驶证的身体条件：一是允许右下肢、双下肢残疾人申请驾驶证。规定右下肢、双下肢缺失或者丧失运动功能，但能够自主坐立的人员，可以申请驾驶残疾人专用小型自动挡载客汽车。二是允许有听力障碍的人员申请驾驶证。规定有听力障碍但佩戴助听设备后听力达到规定要求的人员，可以申请驾驶小型汽车和小型自动挡汽车。三是放宽对驾驶小型汽车手指条件的限制。规定右手拇指缺失、手指末节残缺的人员可以申请驾驶小型汽车、小型自动挡汽车。

二、简化程序，高效快捷办理驾驶证

1. 简化摩托车驾驶证办理程序

第111号令取消了摩托车驾驶证科目考试的间隔时间限制，进一步简化了摩托车驾驶证的申领程序。申请人申请摩托车驾驶证，在完成道路交通法规学习和驾驶技能训练后，可以在同一天进行科目一、科目二和科目三考试，大大减少了申请人的往返次数和等候时间。

2. 允许在暂住地申领摩托车驾驶证

为方便在暂住地生活的群众驾驶摩托车出行，第111号令取消了在暂住地申领摩托车驾驶证的限制，允许在暂住地直接申请、考领摩托车驾驶证。

3. 增加被注销驾驶证的补救措施

目前，一些驾驶人因为种种原因，没有在规定的期限内换证或提交身体条件证明，造成驾驶证被注销，对群众影响较大。考虑到这种行为不属于对交通安全造成严重影响的违法行为，第111号令增加了补救措施。第111号令规定，驾驶证因逾期未换证或未提交体检证明被注销不超过两年的，驾驶人参加科目一考试合格后，可以恢复驾驶资格。

4. 延长提交身体条件证明的期限

针对驾驶人身体检查过于频繁的问题，第111号令延长了驾驶人身体条件检查的间隔期限，将大型客车、牵引车、城市公交车、中型客车、大型货车驾驶人的体检周期，由每年一次调整为每两年一次。

5. 允许延期办理驾驶证业务

驾驶人因服兵役、出国（境）等原因，无法在规定时间内办理驾驶证期满换证、提交身体条件证明的，可以向驾驶证核发地车辆管理所申请延期办理。

6. 扩大允许代办驾驶证业务范围

将提交身体条件证明、注销驾驶证、延期办理业务也纳入可委托办理的范围，进一步方便机动车驾驶人。

7. 减少交通违法记分项目，扩大警告教育面

针对目前交通违法行为记分项目偏多、范围过大、重点不突出等问题，按照进一步扩大轻微交通违法警告教育面的原则，减少了记分项目。调整后的违法记分项目由原来的47项减为38项。

三、提高执法的针对性，完善驾驶证管理制度

1. 增加或调整严重交通违法行为记分分值，提高管理工作的针对性

按照交通违法行为危害程度与惩处力度相符合的原则，对部分驾驶人主观过错大、严重影响道路交通安全、扰乱道路交通秩序的交通违法行为提高了记分分值。将饮酒后驾驶机动车，在高速公路上倒车、逆行、掉头，使用伪造、变造机动车牌证3种违法行为，由一次记6分调整为记12分；将违反禁令标志、禁止标线指示违法行为，由一次记2分调整为记3分。同时，新增了对遇前方机动车停车排队或者缓慢行驶时借道超车或者占用对面车道、穿插等候车辆，以隐瞒、欺骗手段补领驾驶证和机动车在高速公路或城市快速路上遇交通拥堵占用应急车道行驶等3种违法行为进行记分。

2. 严格补领驾驶证规定，杜绝恶意补领驾驶证违法行为

为防止一些驾驶人恶意补领驾驶证，第111号令规定驾驶人补领驾驶证后，原驾驶证作废，不得继续使用。对违反规定继续使用的，由公安机关交通管理部门处以20元以上200元以下罚款，并收回原驾驶证。同时，驾驶证被依法扣押、扣留或者暂扣期间，驾驶人不得申请补领。对采用隐瞒、欺骗手段补领驾驶证的，由公安机关交通管理部门处以200元以上500元以下罚款，记6分，并收回补领的驾驶证。

3. 建立驾驶人身体条件自主申报制度，强化驾驶人安全驾驶义务

驾驶人身体条件不符合驾驶许可条件，或者具有器质性心脏病、癫痫病、精神病等妨碍安全驾驶疾病，或者吸食、注射毒品、长期服用依赖性精神药品成瘾尚未戒除的，应到车辆管理所申请注销驾驶证。身体条件发生变化，需要降低驾驶证准驾车型的，应及时办理换证手续。身体条件不适合驾驶机动车的，不得驾驶机动车。

4. 健全驾驶证审验规定，完善驾驶证管理制度

第111号令进一步明确了驾驶证审验的有关规定。车辆管理所在机动车驾驶人申请办理驾驶证换证业务时，对其驾驶证进行审验。对具有道路交通安全违法行为未处理完毕、身体条件不符合驾驶许可条件、在一个记分周期内记分达到12分未参加教育和考试的，不予换发驾驶证。

复　习　题

一、判断题

（　　）1. 根据《机动车驾驶证申领和使用规定》，右下肢或双下肢残疾人可以申请残疾人专用小型自动挡载客汽车准驾车型的驾驶证。

（　　）2. 残疾人专用小型自动挡载客汽车准驾车型代号为 C4。

（　　）3. 机动车残疾人驾驶培训教学学时为 80 学时。

（　　）4. 有听力障碍但佩戴助听设备后听力达到规定要求的人可以申请驾驶证。

（　　）5. 在一个记分周期内记分达到 12 分未参加教育和考试的，不予换发驾驶证。

（　　）6. 驾驶人违反禁令标志、禁止标线指示违法行为，一次记 2 分。

（　　）7. 公安部第 111 号令规定右手拇指缺失、手指末节残缺的人员不可以申请驾驶小型汽车、小型自动挡汽车。

二、单项选择题

1. 右下肢、双下肢残疾人应当到（　　）卫生主管部门指定的专门医疗机构进行身体检查，并领取有关身体条件的证明。

①市级　　　　②省级　　　　③县级

2. 残疾人机动车专用标志，应在车辆的前后分别粘贴，且粘贴的位置应距离地面（　　）。

① 0.4m 以上 1.2m 以下

② 0.5m 以上 1m 以下

③ 0.8m 以上 1.5m 以下

3. 浙江省规定残疾人驾驶人培训收费标准规定 C5 车型，IC 卡学时为（　　）。

① 38h　　　　② 35h　　　　③ 32h

4. 饮酒后驾驶机动车一次记（　　）。

① 6 分　　　　② 12 分　　　　③ 3 分

5. 驾驶人补领驾驶证后，原驾驶证作废，不得继续使用。对违反规定继续使用的，由公安机关交通管理部门处以（　　）罚款，并收回原驾驶证。

① 20 元以上 200 元以下

② 50 元以上 500 元以下

③ 100 元以上 200 元以下

6. 第 111 号令规定驾驶证因逾期未换证或未提交体检证明被注销不超过两年的，驾驶人考试（　　）合格后，可以恢复驾驶资格。

①科目一　　②科目三　　③科目一和科目三

7. 第 111 号令规定大型客车、牵引车、城市公交车、中型客车、大型货车驾驶人身体条件检查的周期为每（　　）一次。

① 1 年　　② 3 年　　③ 2 年

8. 残疾人机动车专用标志采用国际通用的（　　）标志图案。

①红色拐杖　　②蓝色轮椅残疾人　　③黄色施工帽

三、多项选择题

1. 残疾人机动车专用标志使用目的是为了（　　）。

①体现对残疾人驾驶汽车的关爱和保护

②警示其他车辆注意安全和礼让

③保障停车泊位等方面享有优先权

2.《中华人民共和国机动车残疾人驾驶培训教学大纲（试行）》规定，机动车残疾人驾驶培训教学学时、理论培训学时的规定有：（　　）。

①总学时为 86 学时

②总学时为 80 学时

③理论培训每天不得超过 6 学时

3. 第 111 号令规定，申请人申请摩托车驾驶证，在完成道路交通法规学习和驾驶技能训练后，可以在同一天内完成（　　）考试。

①科目一、科目二

②科目二、科目三

③科目一、科目二和科目三

第二章 机动车驾驶人的生理心理特点与教学

在驾驶机动车的过程中，驾驶人首先依靠眼、耳、鼻等感觉器官从道路环境中获取信息，然后将获取的信息传入大脑中枢进行判断，从而作出决定，最后将自己的决定传给运动器官手和脚，作出各种行为来操纵转向盘和踏板等机构。行为是人内心活动的外在表现，即使面对相同的交通信息，不同的人经过不同的信息处理方式也会作出不同的决定，进而产生不同的行为表现。因此，要规范人的交通行为，首先要认识交通行为人的心理活动的规律和特点。本章将从人的视觉特性、听觉特性、注意、心理定势、反应能力及情绪等几个方面对驾驶人的心理特点进行探讨，并对驾驶人教学工作要求提供一些参考建议。

第一节 视觉特性与教学

路旁停放的车辆要起步，驾驶人首先需察看车前车后的情况，观察后方是否有来车，前方是否有行人，然后完成车辆起步的操作。在正常行驶过程中，视觉通道为驾驶人提供80%以上的信息，所以，驾驶人的视觉特性对于确保安全驾驶具有非常重要的作用。

一、视力

人的视力也叫视敏度，是指分辨细小的或遥远的物体或物体细微部分的能力。在一定的条件下，眼睛能分辨的物体越小，视觉的敏锐度越大，视力越好。视力一般分为静止视力和动态视力。

1. 静止视力

静止视力是指人和所看的目标均在静止状态下检查的视力。我国通用E型视力表检查驾驶人的两眼视力（中心视力），要求被测试者距视力表5m的距离，在标准照明条件（200 ± 100lx）下，两眼视力（包括矫正视力）均为0.7以上才允许报考驾驶员。一般认为1.0即为正常视力。用这种方法检查的视力反映了驾驶人在静止状态下的视力，即静止视力。这时驾驶人能分辨的E型指示标志越小，则静止视力越好。

2. 动态视力

动态视力是指人和所看的目标运动（其中一方运动或两方都运动）时检查的视力。机动车驾驶人在行车中的视力为动视力。许多研究分析都表明，驾驶人的动视力与交通事故有更密切的关系。值得注意的是，虽然静视力好是动视力好的前提，但是静视力好的人不一定就会有好的动视力。

研究结果表明，驾驶人的动视力随着车速的变化而变化。例如，以60km/h的速度行驶的车辆，驾驶人可看清前方240m处的交通标志；可是当车速提高到80km/h时，则连160m处的交通标志都看不清楚。因此，车速越快，动视力下降越快。同时有研究表明，动视力随着年龄的增大而逐步下降。

3. 夜间视力

视力与光线亮度有关，亮度加大可以增强视力。由于夜晚照明条件差引起的视力下降叫做夜近视。研究发现，夜间的交通事故往往与夜间光线不足、视力下降有直接关系。

对于驾驶人来说，一天中最危险的时刻是黄昏。因为黄昏时，光线较暗，不开灯看不清楚，而当打开前照灯时，其亮度与周围环境亮度相差不大，不易看清周围的车辆和行人，所以容易造成交通事故。

夜间行车时，由于车辆前照灯的照明距离有限，特别是会车时要

使用近光灯，照明距离只有60m左右，因此，远处的物体变得模糊不清，造成夜间视力下降。

另外，夜间视力与物体的对比度以及物体本身的颜色也有关系。亮度、对比度大的物体比对比度小的物体容易辨认。有研究表明，在使用近光灯时，认知路肩上是否有物体存在的距离，白色物体为80m左右，黑色物体为43m左右。如果确认的对象是人，穿白衣服者为42m左右，穿黑衣服者为20m左右。若要根据人的动作姿势确认其行为方向时，穿白衣服者为20m左右，穿黑衣服者为10m左右。由此可见，行人的衣服颜色不同，对驾驶人辨认距离影响很大。一些国家规定，夜间在道路上作业的人员必须穿黄色反光安全服，以确保安全，就是这个道理。

也有研究表明，夜间视力与年龄也有关，年龄越大，夜间视力越差。

因此，在对机动车驾驶人进行教育的过程中，要建议其根据自身的视力、年龄、车速，以及交通环境中的光线情况选择恰当的车速，不要盲目开快车。

二、视野

一般来讲，人的头部不动，两眼所能看到的范围称为视野。当人处于静止状态，头部不动，眼球转动所看到的范围称为静视野，一般为180°左右。在180°视野中，只有60°范围是两眼能同时看到的，称为复合视野，人的注意力大多集中在复合视野中。

交通心理学的研究结果表明，当人处于运动状态时，注视的焦点前移，复合视野的范围变窄，称为动视野。运动速度越快，动视野范围越小，以至于发生“隧道视”，即视野由60°收拢到注视点周围，只有3~5°。随着动视野变窄，很多交通标志处在复合视野以外，很难引起机动车驾驶人的注意。

和年龄对视力的影响一样，随着年龄的增大，视野下降幅度也越大。

影响驾驶人视野的因素还有视觉盲区（即物体虽然在视野范围之内，但由于汽车车身的结构遮挡了驾驶人的视线，致使有些地方驾驶人无法看到）以及直接视野和间接视野（从风窗玻璃看到的范围是直接视野，而从后视镜所看到的范围是间接视野）之间转换的时间差等。

因此从驾驶人教学角度来看，车辆在运行中，驾驶人可根据需要转动头部和眼球，使用注视点观察视野范围内的必要情况，并在注视前方情况的同时，利用视野的其余部分，即所谓“眼角余光”捕捉道路两侧的有关信息，及时发现闯入视野之内的障碍物。

从交通管理角度来看，为了使机动车驾驶人在50m以外能够正确辨认出交通标志的内容，高速公路的交通标志要比城市道路的标志大许多，而且重要的信息都用相应的标志设置在车道上方，或用路面标记加以标示。

三、驾驶人的视觉适应与炫目

人从光亮的地方进入黑暗的地方时，开始视觉感受性很低，然后又逐渐提高，这个过程叫暗适应；相反，从暗处进入亮处时，视觉感受性降低的过程叫光适应。例如当驾驶人行车时，由一般道路驶入黑暗的隧道时产生暗适应，而当车辆驶出隧道时，驾驶人则产生光适应。道路上的光线强度与隧道内的光线强度差异越大，适应过程中的视觉障碍越严重。暗适应过程比光适应过程所需的时间要长，一般需5～15s，完全适应需30s，而光适应过程则较短，只需数秒。

交通心理学研究结果表明：光适应、暗适应是产生在人身上的一种视觉反应，而人的个体适应能力存在差异。如年龄增大、疾病、饮酒、吸烟等都会使适应能力下降。有研究表明，从40岁起，人们的暗适应时间将增加。因此夜间行车时，机动车驾驶人应严格遵守灯光使用规定，如夜间行车要开前照灯，夜间会车时要在150m以外互闭远光灯，改用近光灯等。

光线对驾驶人的另一个影响是视觉的炫目现象，即在夜间会车时，如果对面来车的前照灯光线直接照射到驾驶人的眼睛，引起驾驶人短时间严重的视觉障碍。车辆列队行驶时，不仅对面来车的前照灯会引起炫目，后续车辆的前照灯光线通过后视镜的反射也会引起炫目。而产生短时间严重的视觉障碍后的视力恢复时间，与驾驶人的年龄有很大关系，年龄越大，视力恢复需要的时间越长；另外，视力恢复的时间与本人的身体状况也有关。因此，在炫目现象发生后，驾驶人应采取降低车速等措施，确保安全驾驶。

四、驾驶中的知觉特性

机动车运行中，驾驶人首先对通过注视获取的信息进行重建和说明，然后大脑解释这些感觉输入，只有当这些输入变为某种意义的时候，驾驶人才对目标有知觉，如确认知觉为道路、车辆、标志、行人等。研究证明，驾驶人的知觉能力是随着对事物突出的结构特征的逐渐把握而发展起来的。在驾驶人的相关知觉中，空间知觉起着重要的作用。

空间知觉包括对物体的形状、大小、远近、方位等特性的知觉，空间知觉是由人的各种感官，如视觉、触摸觉、运动觉、平衡觉等相互作用而形成的，其中视觉起着十分重要的作用。空间知觉对驾驶人有重要的意义，因为在行车中驾驶人要随时了解道路几何形状、障碍物、其他车辆或行人的远近、运动方向及物体或图形的形状和大小等情况，以便正确处理驾驶中出现的问题。例如超车时，驾驶人必须了解被超车的大小、距离，对面来车的远近等情况，以便掌握超车时机。

人的主观态度、知识和经验对知觉有着重要影响。

在驾驶人教学过程中，要注意提高驾驶人对于交通环境中事物的突出结构特征的把握能力，积累相关的知识，提高驾驶过程中空间知觉能力。

第二节 听觉特性与教学

一、听觉概述

人的感觉除视觉外，另一种重要的感觉就是听觉。

听觉是辨别外界声源特性的感觉。虽然视觉通道为驾驶人提供了80%以上的信息，但是由于存在各种视觉盲区，驾驶人无法依靠视觉直接感知周围发生的一切情况，需要辅之以其他的感觉。声音是以声源为中心呈波形向球面周围传播的，在小范围空间中很少存在盲区，而且与视觉信息相比，听觉具有反应快和刺激强的优点，因此，听觉成为获取视觉盲区信息的重要通道。

二、听觉特性与安全驾驶

1. 充分利用听觉特性，弥补视觉不足

声波是听觉的适宜刺激，它的物理性质包括频率、振幅和波形。声波的这些物理特性决定了听觉的基本特性是音调、音响和音色。人对听到的声音不仅能听出音调、音响和音色的不同，还能分析被感知的连贯的节奏旋律变化，并由此分析出其方位和远近。因此，在驾驶过程中，驾驶人要充分利用听觉的感知特点，尤其是在雾天等视线不良天气状况下，要用喇叭来引起对方机动车驾驶人和行人的注意；而行驶中听到警车、救护车或工程抢险车的鸣号，机动车驾驶人就要减速、避让或停止行进。

在驾驶过程中，机动车驾驶人产生驾驶疲劳是经常发生的现象。当发生疲劳时，应通过播放音乐等措施提醒驾驶人注意。当任何听觉设施都不起作用的时候，应使用感觉设施将疲劳驾驶人警醒，并保持一定的频率与强度，使之不再发生疲劳驾驶，比如目前各城市常用的振动减速标线。

2. 综合利用各种感觉，弥补听觉缺陷

人的听觉对外界信息的筛选能力很差。听力正常时，只有声源声比环境声高出3dB时，人耳才能正确辨别声源的位置和属性。若单耳听力下降，人无法正常确定声源的位置；若双耳听力下降，人在有环境声的条件下无法辨别声源。

因此，国家对机动车驾驶人作了基本的听力要求，“单耳听力阈值下限不得高于30dB；双耳听力差不大于10dB”。

同时对于驾驶人来说，当听到身后或侧面来车时，应该用后视镜看清情况后再作判断，避免感知不全造成判断失误。

第三节　注意与教学

注意是心理活动或意识对一定对象的指向与集中。注意的两个特点是指向性和集中性。注意的指向性是指人在某一瞬间，他的心理活动或意识选择了某个对象，而忽略了另一些对象。注意的集中性是指当心理活动或意识指向某个对象的时候，它们会在这个对象上集中起来，即全神贯注起来。

在驾驶活动中，机动车驾驶人只有在千变万化的信息中把注意集中到驾驶活动上，不受外界无用信息的干扰，才能保证交通安全。

一、注意的功能

注意的基本功能是对信息进行选择。周围环境给人们提供了大量的刺激，这些刺激有的对人很重要，有的对人不那么重要，有的毫无意义，有的甚至会干扰当前正在进行的活动。注意的选择功能可使心理活动指向有意义的信息，避开无关干扰。例如，在交通活动中驾驶人应关注路上行人、车辆的交通动向和意图，而不是关注人长什么模样，车辆是什么型号或路边与交通无关的其他事物。

注意的另一个重要功能就是保持功能。注意指向并集中在一定对象之后，会保持一定时间的持续，维持心理活动的持续进行。这时被选定的对象或信息居于意识的中心，非常清晰，人们容易对它作进一步的加工和处理。例如，在行驶的过程中要运用注意的保持功能对交通标志内容进行加工；同时，在注意状态下驾驶人才能有效地监控自己的驾驶动作和行为，从而达到预定目的，保证交通安全。

二、注意的种类

注意主要分为两类：随意注意和不随意注意。

1. 随意注意

随意注意是指有预定目的、需要一定意志努力的注意，它是注意的一种积极、主动的形式。例如，在行车过程中，驾驶人要对标志、标线、行人与其他车辆动态的注意，都属此类。在驾驶过程中，即使驾驶人感到单调、疲劳，也要强迫自己去注意。这些都是随意注意的表现。

2. 不随意注意

不随意注意是指事先没有目的、也不需要意志努力的注意。例如，驾驶人正在高速公路上集中注意力开车，突然从路边闯进来一只狗，这时驾驶人会马上不由自主地将视线朝向小狗。这种注意没有任何准备，也没有明确的认识任务，注意的引起与维持不是依靠意志力，而是取决于刺激物本身的性质。

一般来讲，强烈的刺激物容易引起不随意注意，如巨响、强光、怪味、振动、夺目的色彩或庞然大物等；运动物比静止物容易引起注意，如闪亮的灯容易引起注意；对比与反差大的刺激容易引起注意等。所以交通工程的一些基本设计，如交通标志底色与图形的颜色选择、汽车转向灯、减速带，都是注意特性在这些方面的应用。

不随意注意既可帮助人们对新异事物进行定向，使人们获得对事物的清晰认识，也能使人们从当前进行的活动中被动地离开，干扰他们正在进行的活动，因而具有积极和消极两方面的作用。对于教学工作者来说，正确掌握不随意注意的规律，对做好驾驶人教学工作是有

帮助的。

三、注意的范围

注意的范围又称注意的广度，是指一定时间（0.1s）内能够把握的注意对象的数量，它和注意的分配相关。

注意集中在人双眼的复合视野区。在行驶过程中，特别是高速行驶时，环境中的目标物急速移动，目标物在视网膜上的停留时间相对缩短，使得驾驶人的注意范围缩小。车速越快，客观事物在机动车驾驶人视野中停留的时间越短，则注意的范围就越小。

注意的范围与机动车驾驶人的生理机能、年龄和车速都有关。注意范围小的机动车驾驶人，易发生交通事故。随着年龄的增加，注意范围也会明显缩小。同时，车速越快，注意范围越小。这就是规定机动车驾驶人的年龄上限，对机动车进行限速的依据之一。

四、针对注意特性的教学

首先，在驾驶人教学过程中发展和培养驾驶人的随意注意，是教学工作者一项重要任务。驾驶是一项辛苦的工作。在教学过程中要帮助学员树立明确的学习目的、培养安全驾驶的责任感和技能。这样才能使学员不畏驾驶过程中的辛苦，在单调、疲劳的状态下，也能集中注意，保证交通安全。同时，要加强对驾驶人关于不随意注意的相关知识教学，消除不随意注意的消极影响。

其次，驾驶人要了解注意范围随年龄、生理机能的变化而变化的相关规律，在驾驶的过程中不要盲目开快车。

第四节　心理定势与教学

一、心理定势

心理定势是指心理活动的一种特殊的准备状态。也就是说，以前多次运用某一思维程序（方法、思路）去解决同一类问题，逐渐形成了习惯性反应，以后仍然用习惯了的程序（方法、思路）去解决问题。它的影响有积极的，也有消极的。

二、机动车驾驶人的心理定势

机动车驾驶人的心理定势，主要反映在思维和动作两方面。前者主要指驾驶过程中，为了防止某种不良情况发生而提前所做的思想准备；后者表现为习惯性操作，称为动力定型。心理定势的积极作用在于遇到条件不变的情境下，可以帮助人们熟练、快速地解决问题，保持操作的稳定性和一致性，缩短了反应和操作时间。比如，后车发现前车的制动灯亮了，后车驾驶人会下意识地把脚放到制动踏板上，这样能减少反应时间，缩短制动距离，有效防止追尾发生。消极作用在于遇到条件变化的情境时，驾驶人无法立即跳出旧框框的限制，使得驾驶行为表现出呆板、机械性的一面。比如，下雨天汽车行驶中，驾驶人突然发现前方道路上有一个大的坑洞，驾驶人下意识地一脚紧急制动，很容易造成车辆侧滑、跑偏、掉头甚至翻车。在瞬息万变的交通环境中，当机动车驾驶人的主观认识与交通状况的客观实际不符，仅依靠某种固定行为来处理多变险情时，很容易造成事故。

三、针对心理定势的教学

1. 注重具体问题具体分析

交通环境是复杂的、瞬息万变的。驾驶人的经验固然重要，但更要注重对道路情况的冷静、细致的观察与分析。驾驶人不要拘泥于自己的主观认识，要从交通状况的客观实际出发，采取恰当措施处理险情，以保证交通安全。

2. 注重反思与总结

驾驶人要对经常遇到的交通状况进行积极的总结和反思，提高驾驶技能，以便在遇到相似情境下能够熟练操作，缩短解决问题的时间。

第五节　人的反应能力与教学

一、机动车驾驶人的反应能力

人的反应能力一般被认为是一瞬间的感知能力，表现为反应时间的长短和反应动作的准确程度。也就是说，人在遇到特殊情况时，其反应的时间越短、反应动作的准确度越高，则其反应能力越强。

由于能力属于人的内隐性心理因素，因此只有通过外显的行为才能对之进行研究和分析。国内对于机动车驾驶人反应能力的研究主要从驾驶人的反应时间和制动停车距离两个角度来评判驾驶人的反应能力高低。

机动车驾驶人的反应时间是指从刺激出现到机动车驾驶人作出明显反应之间的时间间隔，包括判断时间与操作时间两个方面，分为简单反应时间、复杂反应时间和制动反应时间三个评判标准，它与刺激的复杂程度有关。刺激的情况复杂、刺激的内容较多，机动车驾驶人的反应能力就越低。机动车驾驶人的制动停车距离是指驾驶人从看到危险情况到停车的距离，它主要与车速、载质量、路况等因素有关。

二、影响机动车驾驶人反应能力的因素

驾驶人的反应能力不仅与操作的熟练程度和生理机能有关，还与驾驶经验有关，主要包括主观因素和客观因素两个方面。

影响驾驶人反应能力的主观因素主要有情绪、年龄、疲劳程度及非正常生理心理状态等。情绪作为人的重要心理要素，对机动车驾驶人的注意、动机、反应能力、视野等方面都有影响，在本章的第六节将进行详细论述。在这里，情绪对于反应能力的影响主要体现在三个方面，即心境、激情和应激。从心境角度来看，乐观、积极、愉快的心境可以提高机动车驾驶人大脑反应的灵敏度，提高驾驶人反应速度，

作出准确判断；而不良的心境，如消极、绝望、萎靡不振的心境会降低机动车驾驶人大脑的灵敏度，造成驾驶人反应迟缓，作出错误判断。

机动车驾驶人的疲劳可以分为生理疲劳和心理疲劳两种。生理疲劳是由于长时间保持机动车驾驶操作姿势或过度的肌肉活动引起的。心理疲劳是由于在行车过程中，机动车驾驶人不断地感知信息，思考、判断和处理信息，心理一直处于紧张状态而引起的。疲劳会引起机动车驾驶人紧张、烦躁和精疲力竭，注意力难以集中，思路不畅，动作不协调，造成反应时间延长。

疾病等非正常生理心理状态也会影响反应能力。如服用药物会产生感觉迟钝或者是精神亢奋，会造成反应能力不稳定，影响交通安全。

影响机动车驾驶人反应能力的客观因素主要是外界环境刺激和车速。外界环境刺激单调，缺少变化会使驾驶人产生单调感、厌倦感，进而在心理上产生疲劳，导致对外界反应迟钝，反应能力下降。

车速也是影响驾驶人反应能力的重要因素。一方面，车速过快使机动车驾驶人的复合视野过于狭窄，外界物体在人眼视网膜上逗留的时间太短，视网膜分辨不出事物的具体特征，机动车驾驶人来不及对感知到的信息进行正确的思维加工，从而无法及时作出正确的判断和推理，使人的反应能力下降，进而引发交通事故；另一方面，车速越快，车辆的实际制动距离越长，容易引发交通事故。

三、提高机动车驾驶人反应能力的教学思考

针对造成机动车驾驶人反应能力下降的主客观因素，我们提出以下应对措施：

首先，机动车驾驶人要提高对自身生理和心理状态的认知能力，杜绝不良状态的影响。避免在生病、疲劳、醉酒、悲伤、狂喜、愤怒、绝望、恐怖等不良状态下驾驶，树立高度的安全驾驶道德意识，防止交通事故的发生。

其次，机动车驾驶人要遵守交通法规，控制车速。过快的车速对

于驾驶人的视力、视野、反应能力均会产生不良影响。因此，机动车驾驶人要严格遵守交通法规，合理控制车速，避免交通事故。

最后，机动车驾驶人要提高注意力，消除外界不利因素的影响。在繁华街道上，车辆多、行人多，且人车混行，道路纵横交错，冲突点多，城市道路的交通设施和管理措施复杂，行车受到严格限制，路边的广告、商店、各式各样的建筑物等也很容易分散机动车驾驶人的注意力，机动车驾驶人会感到应接不暇。只有通过高度集中注意力并降低车速来消除外界不利因素的影响。

第六节　情绪与教学

一、情绪及特性

心理学中对于情绪的普遍看法是情绪是以个体的愿望和需要为中介的一种心理活动。当客观事物或情境符合主体的需要和愿望时，就能引起积极、肯定的情绪和情感；反过来，当客观事物或情境不符合主体的需要和愿望时，就会产生消极、否定的情绪和情感。可见，情绪是个体与环境间某种关系的维持或改变。

情绪具有易变性、两极性、倾向性等特点。

情绪是短暂和不稳定的，当情境消失，此种情绪也会逐渐变化。人的情绪、情感具有两极性。从性质上看，表现为肯定和否定的对立性；从作用上看，表现为积极的增力作用和消极的减力作用；从形式上看，表现为冷静和冲动，轻松和紧张。情绪的倾向性指的是一个人的情绪、情感因某种原因总要指向一定的对象，总怀有一定的目的。

二、情绪状态的分类

比较典型的情绪状态有心境、激情和应激三种。

1. 心境

心境是指人比较平静而持久的情绪状态。心境具有弥漫性，它不是关于某一事物的特定体验，而是以同样的态度体验对待一切事物。心境具有积极和消极之分。积极向上、乐观的心境，可以提高人的活动效率，增强信心，对未来充满希望；消极悲观的心境，会降低认知效率，分散注意力，影响反应能力。

2. 激情

激情是由狂喜、愤怒、恐怖、绝望等强烈刺激引起的一种强烈的、爆发性的、为时短促的情绪状态。处于激情状态时，人的认识会局限在引起激情的事物上，以致认识范围狭窄，理智受到抑制，意识的控制能力减弱，不能正确评价自己行动的意义和后果。许多车祸就是发生在这种激情状态之下。

3. 应激

应激是指人对某种意外的环境刺激所做出的适应性反应。例如，正常行驶的汽车意外地遇到故障时，机动车驾驶人紧急制动。

应激状态给机动车驾驶人会带来一些不利于驾驶的负效应：第一，注意范围缩小，难于分配和转移，顾此失彼；第二，沉浸于内心的紧张体验中，而减少对外界情况的主动了解；第三，对情境综合判断能力下降；第四，动作不平衡、不准确，出现错误动作；第五，在极端情况下可能完全丧失操作能力，就是人们常说的手足无措；第六，动作随意性程度下降，无目的的多余动作增加。

三、针对机动车驾驶人不同情绪的教学方法

首先，加强对自身心理的认知，提高情绪调节能力。情绪是个体与环境之间某种关系的维持或改变，因此情绪受到外界环境的影响作用比较大。不良情绪对个体的身心会产生不良后果，所以个体要提高情绪调节的能力，保持良好情绪。心理学研究表明，不同的情绪有不

同的调节策略。比如，人们愤怒时可以采取问题解决的策略，悲伤时采取寻求帮助的策略，伤感时采取回避的策略，忽视可以比较有效地降低厌恶感，抑制快乐的表情可以降低快乐感受等。对于机动车驾驶人而言，当体验到较强烈的不良情绪时，要积极寻求多种策略避免不良情绪，防止交通事故的发生。

其次，执法部门要改进工作方法，坚持以人为本。避免与执法相对人的矛盾冲突。比如，在纠正违法行为时，若采取损人、训人等激化矛盾的做法，会引发自身利益受到损害的执法相对人的激情状态，即使违法人最终接受处罚，也会给后来的驾驶行为带来事故隐患。因此，执法部门在纠违时，应采取正确的方式方法，避免引发执法相对人的不良激情状态。

复 习 题

一、判断题

（　　）1. 行为是人内心活动的外在表现，要规范人的交通行为，首先要认识交通行为人的心理活动的规律和特点。

（　　）2. 视觉通道为驾驶员提供了80%以上的信息，所以驾驶人的视觉特性对于安全驾驶具有重要作用。

（　　）3. 在一定的条件下，眼睛能分辨的物体越小，视觉的敏锐度越小，即视力越好。

（　　）4. 静止视力是指人和所看的目标都在不动状态下检查的视力，静止视力好的人一定就会有好的动视力。

（　　）5. 车速越快，动视力下降也越快。

（　　）6. 视力与光线亮度也有关，亮度加大可以增强视力。

（　　）7. 黄昏时，光线较暗，不开灯看不清楚，而当打开前照灯时，其亮度与周围环境亮度相差不大，不易看清周围的车辆和行人，所以对于驾驶人来说在一天中最危险的时刻是黄昏。

（　　）8. 在机动车驾驶人的教育过程中，要建议其根据自身的视力、年龄、车速，以及交通环境中的光线情况选择恰当的车速，不要盲目开快车。

（　　）9. 在人的静视野中，只有60°的范围是两眼同时看到的，称为复合视野，人的注意力大多集中在复合视野中。

（　　）10. 车辆在运行中驾驶人可根据需要转动头部和眼球，使用注视点观察视野范围内的必要情况，并在注视前方情况的同时，利用视野的其余部分，即所谓“眼角余光”捕捉道路两侧的有关信息，及时发现闯入视野之内的障碍物。

（　　）11. 当驾驶人在白昼行车时，由一般道路驶入黑暗的隧道时会产生暗适应，而当车辆驶出隧道时，驾驶员则产生光适应。

（　　）12. 年龄增大、疾病、饮酒、吸烟等都会使视力的适应能力下降。

（　　）13. 夜间行车时，机动车驾驶人不一定要开前照灯。

（　　）14. 空间知觉包括对物体的形状、大小、远近、方位等特性的知觉。

（　　）15. 视觉对于空间知觉的影响不大。

(　　) 16. 驾驶人的空间知觉能力是天生的，因此，在驾驶人教学过程中，提高驾驶人对于交通环境中事物突出的结构特征的把握能力对提高驾驶过程中空间知觉的能力作用不大。

(　　) 17. 因为声音是以声源为中心呈波形向球面周围传播的，在小范围空间中很少存在盲区，而且与视觉信息相比，听觉具有反应快和刺激强的优点，因此听觉是获取视觉盲区信息的重要通道。

(　　) 18. 机动车驾驶人要综合利用各种感觉，弥补听觉和视觉的缺陷。

(　　) 19. 注意的两个特点是指向性和集中性。

(　　) 20. 机动车驾驶人只有在千变万化的信息中把注意集中到驾驶活动上，不受外界无用信息的干扰，才能保证交通安全。

(　　) 21. 驾驶人有效地监控自己的驾驶动作和行为，从而达到预定目的，保证交通安全的现象是注意的选择功能的体现。

(　　) 22. 在驾驶过程中即使驾驶人感到单调、疲劳，也要强迫自己去注意。这些是不随意注意的表现。

(　　) 23. 不随意注意既可帮助人们对新异事物进行定向，使人们获得对事物的清晰认识，也能使人们从当前进行的活动中被动地离开，干扰他们正在进行的活动，因而具有积极和消极两方面的作用。

(　　) 24. 一般来讲，强烈的刺激物容易引起随意注意。

(　　) 25. 不随意注意既有积极作用，也有消极作用。

(　　) 26. 注意的范围又称注意的广度，是指一定时间内能够把握的注意对象的数量。

(　　) 27. 注意范围的大小对机动车驾驶人驾驶行为的影响不大。

(　　) 28. 不随意注意的引起与维持不是依靠意志力，而是取决于刺激物本身的性质。

(　　) 29. 思维定势既有积极作用，也有消极作用。

(　　) 30. 交通环境是复杂的，瞬息万变的，驾驶人的经验固然重要，但更要注重对于道路情况的冷静、细致的观察与分析，不要拘泥于自己的主观认识，要从交通状况的客观实际出发，采取恰当措施处理险情，保证交通安全。

(　　) 31. 由于能力属于人的内隐性心理因素，因此只有通过外显的行为才能对之进行研究和分析。

(　　) 32. 人在遇到特殊情况时，其反应的时间越长、反应动作的准确度越高，其反应能力也越强。

（ ）33. 刺激复杂，刺激的内容较多，会使机动车驾驶人的反应能力加速。

（ ）34. 过快的车速对于驾驶人的视力、视野、反应能力均具有不良影响。

（ ）35. 人的情绪与环境没有关系。

（ ）36. 处于激情状态时，认识会局限在引起激情的事物上，以致认识范围狭窄，理智受到抑制，意识的控制能力减弱，不能正确评价自己行动的意义和后果。许多车祸就是发生在这种激情状态之下。

（ ）37. 当客观事物或情境符合主体的需要和愿望时，就能引起积极的、肯定的情绪和情感。

（ ）38. 当客观事物或情境不符合主体的需要和愿望时，就会产生消极、否定的情绪和情感。

（ ）39. 心境没有弥漫性，具有易变性。

（ ）40. 心境具有积极和消极之分，积极向上、乐观的心境，可以提高人的活动效率，增强信心，对未来充满希望；消极悲观的心境，会降低认知效率，分散注意力，影响反应能力。

（ ）41. 应激状态会给机动车驾驶人会带来一些不利驾驶的负效应。

二、单项选择题

1. 人分辨细小的或遥远的物体或物体细微部分的能力叫（ ），也叫视力。

①空间知觉　　②视知觉　　③视敏度

2. 机动车驾驶人在行车中的视力为（ ）。

①动视力　　②静止视力　　③视敏度

3. 由于夜晚照度低引起的视力下降叫做（ ）。

①炫目　　②夜近视　　③暗适应

4. 人的头部不动，两眼所能看到的范围称为（ ）。

①视力　　②复合视野　　③视野

5. 当人处于静止状态，头部不动，眼球转动所看到的范围称为（ ），一般为180°左右。

①视野　　②视力　　③静视野

6. 当人处于运动状态时，注视的焦点要前移，复合视野的范围要变窄，称

为动视野。运动速度越快，动视野范围越小，以至于发生（　　）。

①盲区　　②直接视野　　③隧道视

7. 人从光亮的地方进入黑暗的地方时，开始视觉感受性很低，然后又逐渐提高，这个过程叫（　　）。

①光适应　　②暗适应　　③隧道视

8. 从暗处进入亮处时，视觉感受性降低的过程叫（　　）。

①光适应　　②暗适应　　③隧道视

9. 夜间会车时，如果对面来车的前照灯光线直接照射到驾驶人的眼睛，引起短时间严重的视觉障碍，这种现象叫做（　　），在这种现象发生后，驾驶人应采取降低车速等措施，确保安全驾驶。

①炫目现象　　②夜近视　　③盲区

10. 心理活动或意识对一定对象的指向与集中称为（　　）。

①意识　　②注意　　③随意注意

11. 人在某一瞬间，他的心理活动或意识选择了某个对象，而忽略了另一些对象的现象被称为（　　）。

①注意的集中性　　②注意的指向性　　③注意的选择性

12. 当心理活动或意识指向某个对象的时候，它们会在这个对象上集中起来，即全神贯注起来。这种现象被称为（　　）。

①注意的集中性　　②注意的指向性　　③注意的选择性

13. 注意指向并集中在一定对象之后，会保持一定时间的持续，维持心理活动的持续进行。这被称为注意的（　　）功能。

①选择　　②保持　　③集中

14. 有预定目的、需要一定意志努力的注意，被称为（　　），它是注意的一种积极、主动的形式。

①随意注意　　②不随意注意　　③意识

15. 在驾驶过程中即使驾驶人感到单调、疲劳，也要强迫自己去注意。这种现象被称为（　　）。

①随意注意　　②不随意注意　　③意识

16. 驾驶人正在高速公路上集中注意力开车，突然从路边闯进来一只狗，这时驾驶人会马上不由自主地将视线朝向小狗。这种现象被称为（　　）。

①随意注意　　②不随意注意　　③意识

17. 事先没有目的、也不需要意志努力的注意被称为（　　）。

①随意注意　　②不随意注意　　③意识

18. 人们在多次运用某一思维程序（方法、思路）去解决同一类问题，逐步形成了习惯性反应，以后仍然用习惯了的程序（方法、思路）去解决问题的现象在心理学上称为（　　）。

①思维定势　　②思维固着　　③演绎

19. 在机动车行驶道路上，如果后车发现前车的制动灯亮了，后车驾驶人下意识地把脚放到制动踏板上，这样做能减少反应时间，缩短制动距离，有效防止追尾发生。这种现象体现了心理定势的（　　）

①积极作用　　②消极作用　　③思维固着作用

20. 人在一瞬间的感知能力，被称为（　　），其主要表现为反应时间的快慢和反应动作的准确程度。

①灵活性　　②感知能力　　③反应能力

21. 从刺激出现到机动车驾驶人作出明显反应之间的时间间隔，称为(　　)。

①操作时间　　②反应时间　　③判断时间

22. 驾驶人看到危险情况到停车的距离被称为（　　）。

①反应距离　　②制动停车距离　　③停车距离

23. （　　）是影响机动车驾驶人反应能力的重要主观因素之一。

①情绪　　②车速　　③外界环境刺激

24. 当客观事物或情境符合主体的需要和愿望时，就能引起（　　）情绪和情感。

①积极的　　②消极的　　③否定的

25. 情绪是短暂和不稳定的，当情境消失，此种情绪也会逐渐变化。这体现了情绪的（　　）特点。

①易变性　　②两极性　　③倾向性

26. 人的情绪从性质上看，表现为肯定和否定的对立性；从作用上看，表现为积极的增力作用和消极的减力作用；从形式上看，表现为冷静和冲动，轻松和紧张状态。这体现了情绪的（　　）特点。

①易变性　　②两极性　　③倾向性

27. 一个人的情绪、情感因某种原因总要指向一定的对象，总怀有一定的目的。这体现了情绪的（　　）特点。

①易变性　　　　②两极性　　　　③倾向性

28. 人比较平静而持久的情绪状态被称作（　　）

①心思　　　　②心情　　　　③心境

29. 由狂喜、愤怒、恐怖、绝望等强烈刺激引起的一种强烈的、爆发性的、为时短促的情绪状态被称为（　　）。

①心境　　　　②激情　　　　③心情

30. 人对某种意外的环境刺激所做出的适应性反应被称为（　　）。

①心境　　　　②激情　　　　③应激

三、多项选择题

1. 视力一般分为（　　）和（　　）。

①静止视力　　　　②动态视力　　　　③夜间视力

2. 影响动视力的因素有（　　）

①车速　　　　②静视力　　　　③年龄

3. 影响夜间视力的因素有（　　）。

①光线　　　　②物体的对比度　　　　③物体的颜色

4. 影响视野的因素有（　　）。

①年龄　　　　②盲区　　　　③直接视野和间接视野

5. 对视知觉有主要影响的因素有（　　）。

①人的主观态度　　　　②知识　　　　③经验

6. 听觉的基本特性是（　　）。

①音调　　　　②音响　　　　③音色

7. 注意的基本功能有（　　）。

①选择功能　　　　②保持功能　　　　③指向功能

8. 注意主要分为（　　）两类。

①随意注意　　　　②不随意注意　　　　③集中注意

9. 注意的范围与（　　）有关。

①机动车驾驶人的生理机能　②驾驶人的年龄　③车速

10. 针对注意特性的教学建议有（　　）

①在驾驶人教学过程中发展和培养驾驶人的随意注意。

②要加强对驾驶人关于不随意注意的相关知识教学，克服不随意注意的消极影响。

③驾驶人要了解注意范围随年龄、生理机能的变化而变化的相关规律，在驾驶的过程中不要盲目开快车。

11. 机动车驾驶人的心理定势，主要反映在（　　）和（　　）两方面。

①逻辑　　　　②思维　　　　③动作

12. 针对心理定势的教学建议有（　　）。

①注重具体问题具体分析。

②充分发挥自主性，注重反思与总结。

③根据经验解决一切问题。

13. 对于机动车驾驶人反应能力的研究主要从驾驶人的（　　）两个角度来评判驾驶人的反应能力高低。

①反应时间　　　　②制动停车距离　　　　③瞬间感知能力

14. 机动车驾驶人的反应时间包括（　　）与（　　）两个方面。

①制动反应时间　　　　②判断时间　　　　③操作时间

15. 与制动停车距离有关的因素有（　　）。

①车速　　　　②载重量　　　　③路况

16. 影响驾驶人反应能力的主观因素主要有（　　）等方面。

①情绪　　　　②疲劳程度　　　　③非正常生理心理状态

17. 针对造成机动车驾驶人反应能力降低的主客观因素，提出以下应对措施：（　　）

①首先，提高对自身生理和心理状态的认知能力，杜绝不良状态的影响。

②其次，遵守交通法规，控制车速。

③最后，提高注意力，消除外界不利因素的影响。

18. 情绪具有（　　）等特点。

①易变性　　　　②两极性　　　　③倾向性

19. 情绪状态有（　　）。

①心境　　　　②激情　　　　③应激

20. 针对机动车驾驶人情绪的建议有（　　）

①加强对自身心理的认知，提高情绪调节能力。

②执法部门要改进工作方法，坚持以人为本。

③情绪不重要，无需关注。

第三章　骑车人及行人的生理心理分析与驾驶应对

第一节　骑车人生理心理分析

在非机动车交通方式中，自行车交通占有重要的地位。近些年来，在交通拥挤、环境污染、能源消耗等问题日益严重的情况下，既节能、环保，又灵活、便利的自行车作为城市的绿色交通工具，备受人们的青睐。我国已有5亿辆自行车，是世界上自行车拥有量最多的国家。但是，自行车交通在给城乡人民生活带来方便的同时，也给城乡规划、公路与城市道路设计和建设等带来了一系列的问题。《道路交通安全法》规定电动自行车属于非机动车，这无疑对城乡交通是一种新的挑战。2009年，浙江省共发生道路交通事故23390起，死亡5689人。在这些事故中，有623人是骑电动自行车的，占死亡总数的10.95%。城市道路事故死亡1873人，其中上升幅度较大的是刮碰行人事故，与2008年相比上升20.5%。

一、自行车交通的特点

1. 人力或有辅助动力驱动的交通方式

《道路交通安全法》对非机动车是这样定义的：非机动车是指以人力或者畜力驱动，上道路行驶的交通工具，以及虽有动力装置驱动但设计最高时速、空车质量、外形尺寸符合有关国家标准的残疾人机动轮椅车、电动自行车等交通工具。可见，自行车的动力来源是人力或辅助动力，其速度是靠人力或辅助动力来调节的。但是，无论何种形式的自行车，都是由人和自行车构成的人—机系统。自行车及道路环境等外界信息，通过骑车人的眼、耳、手、脚的感觉输入到大脑，通过大脑对信息进行处理，作出分析判断，再向相应器官发出指令、输出信息，从而做出行动。这个过程，是通过人的生理作用过程完成的，其工作过程是，从交通环境和自行车行驶状态中输入信息，通过人的感觉器官接收信息，大脑根据感知到的信息进行判断和作出操作的决定，再由动作器官进行操作反应，操作后的结果又作为信息反馈给感觉器官，形成一个反馈系统，如图 3-1 所示。

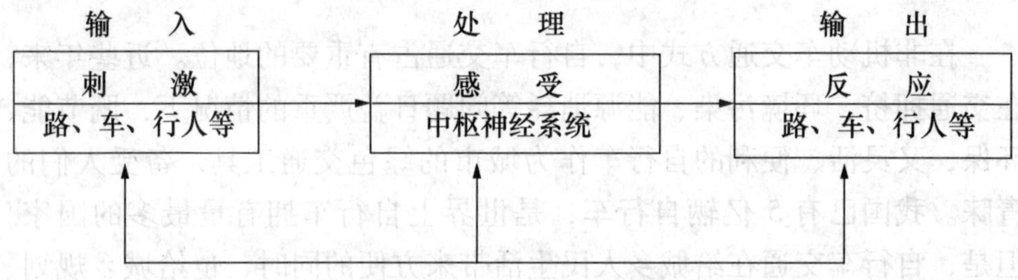

图 3-1 自行车驾驶反馈系统

自行车的行驶状态完全由骑车人进行调节和控制，个体差异很大。其速度除了与道路条件、各种交通环境和自行车状况有关外，主要与人的体力和辅助动力功率有关。人在精神正常情况下，体力大小因人而异，不同年龄、不同性别、不同健康状况的体力差异很大。人的骨骼质量、长短和肌肉纤维组织发育状况不同，肌力和做功能力也不同，如老人、妇女、小孩蹬车能力、耐力以及对自行车动态平衡的控制能力，都不如青壮年男子。

2. 依靠人体与车体平衡的交通方式

自行车的平稳运行取决于骑车人与自行车之间的相互平衡，也就是说，决定自行车运动性能的主要因素是骑车人的平衡技能。骑车人的平衡技巧可以使自行车的技术性能得到充分发挥。自行车交通之所以是一种人体和车体相互平衡的交通方式，这是由“人—自行车系统”的形式和结构决定的。

第一，从“人—自行车系统”的形式来看，人的质量大于自行车的质量。如车轮直径为65cm自行车的质量一般为18kg，电动自行车的质量也在40kg以下，而骑车人的质量一般在50kg以上。人骑上自行车后，由人和自行车构成的“人—自行车系统”的重心就比较高。这样，如果较重的人体不能进行平衡，“人—自行车系统”也就会失去平衡。

第二，从自行车的结构来看，自行车轮胎与地面接触的面积很小，仅凭前后两轮着地点的支撑，不管是静止还是运动状态都很难直立平衡。在骑车人体重55kg的情况下，车轮直径为65cm自行车轮胎与地面的接触面积随着轮胎气压的不同而变化，变化情况如表3-1所示。根据计算，轮胎与地面的接触面积只有“人—自行车系统”总面积的1/400左右，而人的迎风面积是自行车迎风面积的5倍。在行驶中，无论是正面的空气阻力还是横向的风力干扰，作用于人的力都远比自行车的大。再加上人高居于自行车之上，整个系统的重心偏高，这就使人成了整个系统中最容易失去平衡的因素。所以，骑车人的自身平衡技能是保证自行车运动性能的重要因素。

自行车轮胎接地面积 **表3-1**

轮胎气压（N/cm^2）	35	28	21	14
接地面积（cm^2）	23	25	20	38

骑车人与自行车的平衡形式一般有三种：

一是中倾平衡状态：人体和自行车向内倾斜的角度相等，也就是说骑车人的身体中心线和自行车的中心线一致（倾斜方向和角度都一致）。

二是内倾平衡状态：骑车人的倾角比自行车的倾角大（倾角方向相同，但人的倾角大于自行车的倾角）。

三是外倾平衡状态：骑车人的倾角比自行车的倾角小，或倾斜方向不一致（人的倾角小，自行车的倾角大，或倾斜方向不一致）。

需要指出的是，骑车人与自行车构成的行驶系统的平衡是一种不稳定的动平衡。上述三种平衡状态，都是在不同的行驶状态下，骑车人为了使身体和自行车达到平衡所产生的现象。在静止状态下，必须使身体和车体的整体重心通过轮胎接地，这种情况很不容易平衡；在运动状态下，身体和自行车的倾斜角度应符合转弯时的合力要求。在平衡过程中，系统平衡不断被打破，新的平衡不断被建立。在这个复杂的动态连续过程中，人的心理作用具有重要的意义，人的心理活动贯穿于整个平衡过程。

3. 自行车行驶蛇形轨迹

自行车在运行时是靠车把和倾斜角度来控制方向的，同时人还要掌握其平衡，这就很难使自行车保持直线行驶，从而形成蛇形的运动轨迹。蛇形轨迹的宽度与车速和骑车人有关。日本交通工程研究会在一般道路上的实验表明，对于成年人，骑车速度越快，蛇形轨迹宽度越小。中学生骑行速度最好控制在13～18km/h，小学生骑行速度最好控制在11～13km/h。坡路也是影响蛇形轨迹宽度的因素之一，如表3-2所示。

不同情况的蛇形轨迹宽度 **表3-2**

道　路	骑 车 人	平均速度（km/h）	蛇形轨迹的宽度（cm）
上坡	成年人	8.3	36.0
	中学生	11.0	47.0
	小学生	10.0	36.0
	平均	9.8	39.7
下坡	成年人	14.2	40.0

由上表可知，在部分坡道上，以8～11km/h的速度骑行，自行车运行的蛇形轨迹宽度比在平坦道路上大。特别是中学生，蛇形运动轨迹最高达47cm。

4. 自行车是无安全防护的交通工具

无论何种形式的自行车，都缺乏汽车、飞机、轮船等交通工具的驾驶室和座舱的类似设备。自行车运载量小，一般是自身运输工具，驾驶者也是被运载者。骑车人暴露于外界，无论是生理上还是心理上都缺乏安全的防护，极易受到外界环境的影响和干扰。单个自行车与单个机动车相比处于弱者地位，因此，骑车人会产生弱势心理。特别是与机动车平行行驶时，骑车人的心理压力随着其与机动车的横向距离的变化而变化，距离越小，压力越大，骑车人就越感到受威胁和不安全，其弱势心理越明显。同时，在横向距离一定的情况下，机动车的速度越快，骑车人的心理压力也越大。自行车无安全防护装置的特性，同样也容易受气候等自然条件的影响，如雨、雪、风、沙、雾、严寒、酷暑等。受这些因素的影响，自行车骑车人的弱势心理会加强。电动自行车的出现，使整个道路的交通情况更加复杂化。相对于机动车，电动自行车是弱者，相对于普通自行车，电动自行车又是强者。在非机动车道内，电动自行车的行驶会在一定程度上加大普通自行车骑车人的心理压力。但无论何种自行车，都是一种无安全防护设备、靠自身防护的个人交通工具。

二、骑车人交通心理

1. 骑车人的生理心理过程

在人与自行车构成的人—机系统中，人是通过视觉、听觉、触觉、运动觉和平衡觉等来获取信息的。视觉和听觉主要获取道路、车辆、行人和环境状况等信息；触觉、运动觉和平衡觉等主要获取来自自行车本身的信息，如脚蹬的触觉和腿的运动觉获取自行车速度的信息，鞍座的触觉主要获取自行车与身体的平衡情况信息，车把的触觉主要是获取自行车的方向、平衡和刹车情况等信息。

骑车人在获取信息的同时，也伴随着一系列的生理心理过程。其生理作用过程主要反映在骑车人的眼、耳、手、脚、臀部等工作过程和反应过程；其心理作用过程主要反映在大脑机能上，是一个感知—判断—反应的过程，如图 3-2 所示。

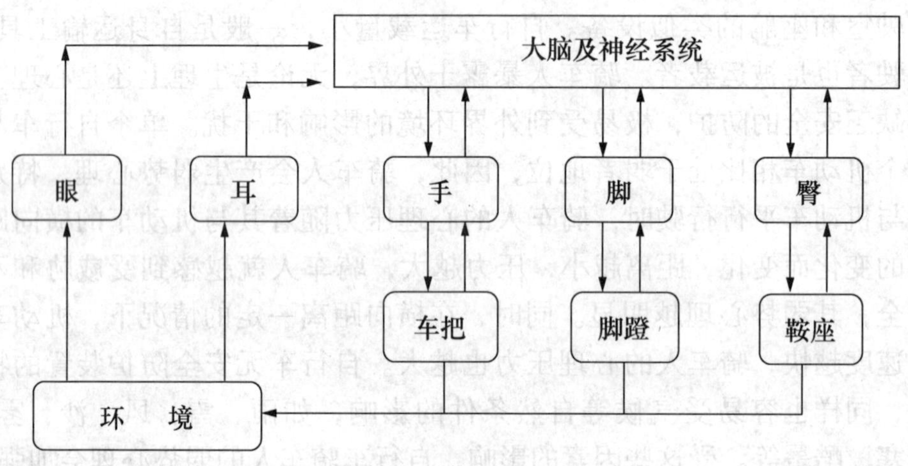

图 3-2 骑车人的生理心理过程

2. 骑车人的心理表现

1）求快心理

虽然人们的出行目的各不相同，但无论为何种目的选择骑自行车出行，省时、省力地到达目的地，是一种普遍的心理需要。特别是在上班、上学、约会、看演出等时间受限的出行情况下，骑行求快的心理更加明显。在安全的前提下，这种求快心理是大多数骑车人的共同心态，无可厚非。但是，在求快心理的作用下，骑车人常有抢超、猛拐、疾驶等盲目求快的行为表现，从而由于抢超、猛拐酿成事故，这是忽视安全、盲目求快的恶果。在求快心理的作用下，若能保持正常的超车状态，一般是不会发生事故的。但在自行车洪流中，这种心理有意无意地互相影响，使骑车人产生一种竞争心理驱使下的超越心理。在这种心理驱使下，骑车人表现为快速、急追、抢超、猛拐、硬钻，甚至违反交通规则，因此容易导致交通事故。电动自行车的骑车人在求快心理的作用下，会选择大功率辅助动力或违法擅自改装辅助动力，

以追求高速度的刺激。有些不法商贩也在利益的驱动下，违规经营或非法改装电动自行车，以满足部分电动自行车骑车人的求快心理。目前，有些电动自行车商行销售的电动自行车最高行驶速度已经高达45km/h，远远超过了《中华人民共和国道路交通安全法》（以下简称《道路交通安全法》）所规定的非机动车道内行驶不超过15km/h的限值，对自行车交通安全产生很大的隐患。

2）畏惧心理

由于自行车的稳定性差和无防护设备，骑车人遇到快速驶过的机动车、来来往往的自行车或熙熙攘攘的拥挤人群时，往往会产生畏惧心理。特别是初学骑车者、儿童、老人和妇女，由于他们或是骑行技术不佳，或是力不从心，或是体格、肌力、敏捷性等不及一般人强，这种畏惧心理会更加明显。这时，有的不知所措，有的慌乱躲避，其主要原因是在畏惧心理的作用下，骑车人在紧急情况下容易惊慌失措，失去正常的判断和控制能力。

3）离散心理

自行车是个人交通工具，每个人都有自己的行为特点和骑行目的，都希望选择一个相对安全、宽敞、方便的出行空间。通常，人们总是有一种行为倾向，就是喜欢选择比较平坦、宽敞的路面和人车稀少的地方骑行，这主要是由自行车的无防护性和行驶的不稳定性决定的。自行车的平衡要依靠一定的速度来维持，自行车的行驶又是蛇形轨迹，所以自行车在道路上的分布呈现离散的特点。特别是在没有交通指挥管理的情况下，更是表现出离散状态，甚至出现几辆自行车会占据整个街道的现象。骑车人各自独行，互相避让，这些都是离散心理的作用。离散心理作用的结果，会扰乱正常的交通秩序，影响行人出行和机动车的正常行驶，容易引发交通事故。

4）从众心理

在交通活动中，我们常常会看到，只要有一个人拐小弯抄近路，随后就会跟来一群人；只要有一个人越线停车，就会有多人跟着学，这就是一种从众心理。一般认为，只有自己的行为与多数人一致时，人的心理上才感到安全踏实。另外，由于自行车相对于机动车处于弱势，骑车人具有畏惧心理，这种畏惧心理会刺激骑车人的合群倾向。表3-3是斯坦利·沙赫特对畏惧心理对合群行为作用的研究结果。

畏惧心理对合群行为的影响 **表3-3**

条　件	选择的百分比（比例数误差±2）（%）			合群行为的强度
	集中	不关心	单独	
高度恐惧	62.5	28.1	9.4	0.88
低度恐惧	33.5	60.0	7.0	0.35

骑车人在从众心理作用下的合群行为，能够有效减少其畏惧心理，甚至改变其在交通行为中的传统弱势心理。这样，自行车个体和群体所表现出来的交通特性就会有很大的差异。一般来说，个体的自行车骑车人相对于机动车表现出来的是弱势心理，而自行车群体中的骑车人这种弱势心理会减弱，特别是人群中间的个体，感觉周围的人是一种屏障，从而产生一种盲目的安全感。根据研究，从众心理一般受群体数量、意见一致性和是否符合规范的影响。因此，加强纠正为首的违反交通法规的行为，可以有效地减少后续者的从众行为。

5）注意力易分散

由于骑车人出行目的千差万别，骑车技术又相对简单、单调，一般来说，骑车人很难将注意力集中在骑行安全方面。再加上自行车缺乏类似汽车驾驶室的有效屏蔽外界干扰的防护，所以骑车人的注意力极容易被周围新异的事物所吸引。骑车人骑行表现比较自如、从容、精神不太紧张、警觉性低，经常东张西望，注意点不断变化，随意转弯，任意改道，有的甚至还逆行，遇热闹就停下来围观，遇障碍就绕行。而结伴并行的骑车人常常边走边聊，精神高度集中在彼此身上和

所聊话题上面，对周围事物置若罔闻。同时，骑车人自身的工作紧张程度，事业进展情况，婚姻家庭状况等因素都对其精神有刺激作用，使其在心理上受到干扰，导致心神不定，注意力不能集中到交通安全方面，对周围和一切交通情况听而不闻，视而不见，只是机械地、无意识地骑行，甚至神情恍惚。此时，若遇险情，骑车人来不及避让，就会发生事故。

6）恶劣天气下的骑行心理

天气的异常，对骑车人的心理影响很大。雨天，骑车人一般容易埋头骑车、急于赶路，很少顾及路上的交通情况。穿着雨衣骑车视野狭小、听觉受限、行动不便，骑车人对道路交通状况不能及时了解，准确判断。刮风扬沙天气，骑车人逆风行驶时为克服阻力而埋头骑车，甚至闭眼骑行；顺风骑车人则在风力推动下车速加快，很难有效控制自行车；横风会破坏自行车的平稳状态，甚至“推倒”骑车人。冰雪天气，自行车容易在路面发生溜滑，骑车人大多小心翼翼。但是，由于自行车在冰雪路面的稳定性极差，一方面骑车人不得不将注意力大部分分配到自行车的骑行上面，从而忽略对周围交通状况的观察和判断；另一方面对溜滑路面的担心也使得骑车人畏惧心理加强，周围交通状况的变化特别是机动车的出现往往会让其惊惶失措。

7）不良心态

并不是所有的自行车骑车人都认为自己处于交通弱势，也不是在所有的道路条件下自行车交通都处于交通的劣势。自行车灵活、轻便，可以实现“门到门”交通的特点使骑车人在一些窄路、急弯路、连续转弯路、下坡路等特殊路段容易产生消极的优越心态。同时，自行车行驶距离短的特点也造成部分骑车人认为自己在家门口，在熟悉的地理和人文环境下，心理上产生强烈的优势心态，容易忽视交通法规甚至故意触犯交通法规，而且违法后还很难矫正。

《道路交通安全法》第七十六条第二款规定：机动车与非机动车

驾驶人、行人之间发生交通事故，非机动车驾驶人、行人没有过错的，由机动车一方承担赔偿责任；有证据证明非机动车驾驶人、行人有过错的，根据过错程度适当减轻机动车一方的赔偿责任；机动车一方没有过错的，承担不超过百分之十的赔偿责任。交通事故的损失是由非机动车驾驶人、行人故意碰撞机动车造成的，机动车一方不承担赔偿责任。《道路交通安全法》本着以人为本、限制强者保护弱者的原则制定的此条款对维护交通安全和秩序有着积极的意义。但是，部分自行车骑车人却片面地理解此条款，主观地认为无论什么情况下和机动车发生事故都是机动车一方负全责。在这种错误思想引导下，一些自行车骑车人心态就发生了变化，认为自己在法律上是一个交通强势者，从而在交通中表现得肆无忌惮，甚至主动碰撞机动车，制造交通事故，以获取经济赔偿。这一新情况，值得我们认真研究。

3. 不同年龄、性别骑车人特征

1）男性骑车人的心理特征

男青年一般骑行技术比较好，反应灵活，精力旺盛，好争强逞能，他们往往是骑车人中的“危险人物”。他们无视交通法规，头脑发热，感情冲动，有侥幸心理。具体表现为：东钻西窜，争道抢行，强占快车道，甚至为出风头双手撒把，有的则是成群结伙，搭肩并行，边骑边谈，嬉笑打闹，追逐行驶等。

2）女性骑车人的心理特征

女性在爆发力、耐力、对自行车动态平衡的控制能力等方面都不如青壮年男子。她们的骑车速度较慢，行驶距离较短，平衡能力较差，容易摔倒，这都是由其生理条件决定的。女性骑车容易疲劳，这里主要指生理疲劳，特别是逆风而行或长距离行驶，会引起骑车人大腿肌肉、腰椎、中枢神经疲劳，腿部、臀部疼痛、腰背部酸疼，自感精神不足、力气不佳，产生厌倦情绪。此时，骑车人大脑反应迟钝，动作缓慢不灵活，车速降低，判断容易失误，有发生交通事

故的可能性。在心理方面则表现为胆小、害怕出事故，遇到机动车易恐慌，这往往会使她们在遇到复杂的交通情况时惊惶失措，处理不力。

3）老年骑车人的心理特征

老年人各部分器官功能衰退，尤其是视觉和动态视力衰退，对来往的车辆判断不准，而且“人老腿先衰”，骑行困难，加上听力减退，反应迟钝等生理因素，是造成交通事故多的重要原因。另一方面，一部分老年人交通法制观念淡薄，或对交通规则不了解，形成不遵守交通规则的习惯，常常随心所欲地横穿马路。许多交通事故往往发生在老年人熟悉的地域内，这是由于越熟悉的地域老年人越是麻痹大意，接近家门往往归心似箭，从而忽视过往车辆。目前，随着城市现代化进程的发展，交通开始向高空与地下发展，地下通道和过街天桥大量增加，这些都给老年人的出行带来极大的不便。

4）少年骑车人的心理特征

资料表明，不论是发达国家还是发展中国家，自行车交通事故所导致的伤亡中，以儿童、青少年居多，他们是自行车交通中的高危人群。世界卫生组织（WHO）在一份报告中指出，因车祸而死亡的人数以 15 ~24 岁的青少年居多，且仍在继续增加。少年儿童处在生长发育时期，在心理方面，已有了相对独立的要求，对事物的判断有自己的主见，喜欢根据自己的意志行事，有较强的冒险精神。但是，他们在认识事物上有局限性，生活经验缺乏、判断能力不足，对危险的感受差、注意力容易分散，缺少必要的交通安全意识，不能正确估计复杂的交通环境。主要表现为：一是左摇右晃，忽快忽慢；二是东瞧西看，猎奇新鲜事物，好玩耍，容易被新异事物吸引，注意力不能集中在交通情况上；三是缺乏安全骑行的基本知识和技能，不会观察交通情况，对机动车的速度和距离判断容易出错；四是遇到紧急情况时容易慌乱，往往把安全寄托于他人身上而不能采取有效的躲避措施。

5）其他骑车人的心理特征

农村人口、进城务工农民以及城市个体劳动者是交通事故伤亡的主要群体。近年来，我国经济持续发展，城市范围不断扩大，道路不断延伸，农村人口、进城务工农民以及个体劳动者出行增长，参与交通活动日趋频繁。同时，由于这部分人口受教育程度相对较低，交通安全意识薄弱，容易发生交通事故并造成伤亡。刚一进城的农民对复杂的城市交通感到陌生，不熟悉城市道路，不懂得城市交通规则，更不了解城市道路环境的特点。因此，在骑行时，骑车人很容易走错路，甚至不知道看交通信号和标志，违法现象较严重，在遇到复杂的交通情况时，缺乏应变能力。

初学骑车者由于技术不够熟练，东张西望，东摇西晃。老人、妇女、少年骑车本来心情就紧张，由于力不从心，当看到拥挤的自行车流和同向行驶的机动车时，就感到惊慌胆怯而不知所措。他们想靠边躲闪又插不过去，想慢骑又被紧逼而慢不下来，往往失去控制力。

第二节　行人生理心理分析

步行是人们最基本的交通行为方式，行人交通也是道路交通系统重要的组成部分。无论交通工具多么发达与方便，步行环境多么不好，人们步行的交通方式都不会消失。对行人交通中的各种问题，包括行人交通心理问题进行深入研究，采取必要的管理和控制措施，有效地处理好行人交通问题，是减少交通堵塞和交通事故、保证交通安全的重要途径。

我们需要分析研究行人交通特性、行人交通心理，以寻求有效的途径和措施科学地解决行人交通问题，使步行达到安全、便利、舒适、连续、持续五项质量标准。这对于预防和减少行人交通事故，有效地处理好城市行人交通问题，改变城市交通面貌，减少交通阻塞，进而

实现道路交通的安全、畅通和高效具有重大的意义。

一、行人交通特性

1. 行人交通的基本参数

个体步行者具有两个最基本的参数：步行幅度和步行速度。

1）步行幅度

步行幅度（步幅）是指行人两脚同时着地时，脚尖至脚尖的距离。行人步幅的大小与行人的年龄、性别、身体状况、心理状态、出行目的、行程距离、道路状况、天气等因素有关。其中，年龄和性别是两个最基本的因素。经过对北京、广州两市调查发现：男性中青年的步幅最大，其平均值分别为66.8cm（北京）、64.7cm（广州）；其次为女性中青年，其步幅平均值分别为62.4cm（北京）、63.1cm（广州）；再次为老年男性，其步幅平均值分别为57.1cm（北京）、56.4cm（广州）；最低是老年女性，其步幅平均值分别为53.0cm（北京）、49.7cm（广州）。如表3-4所示。

北京和广州两市不同年龄、性别人群的步幅均值　　表3-4

人群 / 地区	中青年人步幅（cm）		老年人步幅（cm）	
	男	女	男	女
北京	66.8	62.4	57.1	53.0
广州	64.7	63.1	56.4	49.7

此外，行人密度小，人行道路面平整而无障碍，人们行走的自由度较大，步幅自然可以迈得随心所欲。

2）步行速度

步行速度同样受性别、年龄及身体状况的制约，也受出行目的、行程距离、交通密度等因素的影响。此外，大街两侧的商店、引人注目的广告、橱窗、装潢、豪华建筑等都会使行人速度降低，甚至止步观望，造成行人交通阻塞。不受密度影响（在 0.3 人/m^2 以下）的步行速度称为自由行走速度。不同年龄、性别的行人步行速度是不一样的。根据北京市和广州市的调查表明：男性中青年步行速度最高，其速度平均值北京为 77m/min，广州为 75.2m/min；其次为女性中青年，其速度平均值北京为 61.6m/min，广州为 50.8m/min；最低为女性老年，其速度平均值北京为 58.6m/min，广州为 47.2m/min。

而人流量大、密度大的地方，行人步行速度则较低。如在人行横道上，当单独一个人穿过时，其平均速度为 1.4～1.5m/s，比一般道路上稍高，当两人并行时速度稍下降，同行人数越多则速度越慢。人在人行横道上的步行速度要比在路侧人行道上行走速度高。另外，人穿过人行横道时的速度有前半段与后半段之分，后半段速度高于前半段。这是因为穿行者看到旁边有车辆停候，快点离开危险区的心理支配了其行为。为此，行人对其他车辆注意得不够，因此而发生事故的情况也很多。

此外，步行速度与信号的显示时间也有关系，在绿灯信号的末期，行人速度就会快一些。同时，出行目的明确（上班、赶公共汽车、联系工作、购物、约会等）的步行者速度较高，且有急切感。

另外，根据对我国北京和广州两大城市的调查和观测，统计结果表明：行人平均步幅，北京市为 63.7cm，广州市为 56.15cm；平均步行速度，北京市为 72.5m/min，广州市为 59.3m/min。不同身高，不同性格的人的平均步幅和平均步行速度有较大的差异。

2. 行人过街的一般特征

1）行人过街的行为方式

行人横穿街道有单人穿越和结群穿越之分。依据对实际情况的研究，单人穿越街道，一般有三种情况五种类型。第一种情况是待机过街，即行人等待汽车停驻或车流中出现足以过街的空隙，再行过街。第二种情况是抢行过街，即车流中空隙虽小，过街人冒险快步穿越。第三种情况是适时过街，即行人走到人行横道端点，恰巧遇到车流中

出现可以过街的空隙，不需等待，随即穿越。

依据行人过街的行为表现，可分为五种类型。

（1）正常型。行人横穿道路时，始终保持均匀步速，稳步前进。在车辆少、交通量不大的道路上，白天很容易见到这类行人。驾驶人遇到这种类型的行人，比较容易确定自己的行动。但在交通量较大，或遇到这种类型的老人横越道路时，驾驶人应格外当心。

（2）中途停驻型。行人横穿道路的途中，看到过往车辆较多，停顿不前或犹豫不决。这种人站在道路中间，有的待机过街；有的却拿不定主意，进退两难，不知如何是好。后者使驾驶人难以判断他们的行动，一般老年人、妇女、儿童容易发生这种情况。

（3）中途加快型。行人横穿道路时，前一半行走的步幅、速度正常，大约是走到道路中线后，看到汽车疾速驶来，于是在人行横道上急跑起来，加快步速抢行过街。这种行人多半是妇女，尤其以中年妇女居多。

（4）中途放慢型。与前一类型相反，这种类型的人横穿道路时，先是急忙快步奔跑抢行穿越，待到达道路中线后一看，路上没有汽车来往，于是放慢步速，稳步行进。一般早晨上班赶车、办急事或儿童容易出现这种过街行为。

（5）不稳定型。有些人在通过人行横道线时，东张西望，漫不经心，速度忽快忽慢，很不稳定。这种人多半是年轻人，在本地长大的“城市通”，自以为情况熟悉，不以为然；另外，有可能是初次进城的农村人，对环境生疏，处处好奇，不熟悉交通规则，在车水马龙的道路上有可能这样横过马路。

2）行人过街的危险程度

行人过街的危险程度与过街人数有关。人行横道上人多，容易引起驾驶人的注意，故安全程度高；人行横道上人少，驾驶人容易疏忽大意，危险程度高。

一般情况下，车辆停止，穿越行人开始过街。此时，后车会从停止车辆的左侧通过，由于先行车停在那里挡住视线，造成视觉死角，致使行人极易与后车发生冲突，如图 3-3 所示。

图 3-3　行人极易与后车发生冲突

另外，行人过街时，往往先根据左侧来车情况决定是否过街，同时也要注意马路中线另一侧右前方车辆的动向，考虑跨越中线的处境。因此，有时可能被左侧来车致伤。

3）行人横穿道路的安全车流间隙

行人横穿道路时，通常要利用车流的间隙安全通过。行人为了安全通过，就要以迎面驶来车辆的距离和速度为依据，预测出车辆到达自己附近需要多少时间，以判断自己是否能够通过。根据实际调查，行人对车流间隙的判断一般都是正确的。当然，有时候也可能判断错误而被汽车撞上。

4）行人过街的等待时间

行人利用车流间隙过街，需要有一段等待时间。行人等待过街时间的长短取决于交通量、道路宽度和行人的自身条件。

交通量大，可穿越间隙少，行人等待过街的时间就长；反之，行人等待过街的时间就短。

道路比较宽，行人过街的等待时间就比较长；道路比较窄，行人过街的等待时间就比较短。

女性较男性的过街等待时间长。不论男女，年岁大者过街等待时间长。在同一天的不同时刻，人们的过街等待时间也有差异。例如，上下班时间，行人过街等待时间短；非上下班时间，等待时间长。

随着等待时间的延长，行人的焦虑也越来越严重，冒险穿越的欲望和可能性也逐渐增大。强行穿越现象普遍存在，其中大部分的原因是由于行人需等待的时间已超出了行人可接受的范围。行人的忍耐程度是有限的，当行人等待车间安全空隙的时间超过了行人所能承受的忍耐限度时，行人往往不顾一切，从车间非安全空隙中强行穿越。因此，强行过街的行为时有发生。

5）行人过街时的速度和步幅

不同性别、年龄的行人过街时的速度是不一样的。男性过街速度一般为1.25m/s，女性为1.16m/s，老年人一般为1.0m/s，中青年为1.28m/s，儿童为1.19m/s。过街速度最不稳定的是儿童。因此，设计时应考虑到老、弱、残疾人的情况，一般可取1.0~1.2m/s。

一些研究还发现，单人步行速度平均为1.29m/s，但人们结伴而行时，速度为1.17m/s。行人的出行目的不一，其过街速度也不一样。此外，男性行人过街时的步幅较女性步幅大，但步幅大小与速度快慢几乎无关，即步幅大的不一定速度快，步幅小的未必速度慢，这在女性青年中表现得更加明显。

6）行人使用人行横道、过街天桥和地下通道的情况

行人由于图省事、少费力、急于到达目的地，并认为冒点险没关系或认为车辆可能停驻等原因，常常过街不走人行横道，而随意穿越。目前，这一现象在我国的行人交通中已是司空见惯。调查发现，约有85%的行人过街不走人行横道或在离人行横道1~5m的地方过街或随意过街。究其原因，是行人长期养成的不良习惯，喜欢走捷径，不愿绕路，以为车辆总会让人。据研究，人行横道离行人期望穿越的地点越近，其利用率越高。

在热闹繁华街道和高速公路上，修建过街天桥或地下通道，可以

完全把行人与车辆分隔开来，这不仅能确保行人安全过街，也避免了行人对车辆行驶的干扰，保证了车辆按正常速度行驶。但是，这些设施的有效性还取决于行人的利用情况。

从人们对人行横道、过街天桥和地下通道的使用心理出发，应该注意从幼儿开始进行教育和培养，使人从小就对这一切习以为常，从而自觉地利用这些过街安全设施。

3. 老年人和儿童的交通特性

老年人与儿童在参与行人交通的时候，危险程度最高。据美国和日本统计，老年人在行人事故中的死亡率最高，儿童在行人事故中的死亡率仅次于老年行人，儿童发生交通事故的可能性是成人的 8 倍。因此，我们有必要重点关注老年人和儿童的交通特性。

1）老年人的交通特性

随着我国人民生活水平的提高和医疗保健事业的发展，人的平均寿命逐步延长，老年人（60 岁以上）在人口中的比例显著增加。随着老年人的增多，因交通事故死亡的老年人数也有所增加。老年行人在交通事故中的死亡率占行人死亡总数的首位，约占 1/3。因此，不管是现在还是将来，老年人的交通安全都是一个突出的问题。

老年人视力明显下降，耳朵不灵，头脑反应较迟钝，行动迟缓，常常不能正确估计车速和自己横穿马路的速度，准备横穿时又犹豫不决，有时行至中途看到左边有车开来时又突然退回。由于腿脚不灵便，所以躲避不便，特别是老年妇女更是如此。但是，老年人比较谨慎，不会乱横穿马路。在与车辆同方向前行时，老年人常避让路旁，目送汽车过去后再前进。与汽车相对行走时，老年人一般都能主动让车。驾驶人应充分观察和考虑老年行人的交通特性，预防和减少交通事故的发生。

2）儿童的交通特性

由于汽车交通的发展，不仅使儿童的活动空间减少，而且复杂的交通现状给儿童造成了一个危险的环境。儿童在上学、放学的路上行

走、过街、玩耍，在广场上游戏，都有可能与汽车冲突而发生危险。我国儿童在交通事故中的死亡率很高。儿童容易发生交通事故，主要是他们特有的心理和行为特征造成的。

儿童活泼好动、反应快、腿脚灵活，但其心理特征是好奇、好冲动、好逞能，生活经验少，缺乏交通安全常识，不太了解机动车对人的危险性。因此，儿童的突出行为表现有在公路上打闹、追逐、投掷，甚至在汽车上坡时吊车、爬车，钻隔离护栏、跳隔离桩。玩耍中遇到汽车开来时，一阵乱跑，顾前不顾后。儿童在交通事故中伤亡，主要表现在突然蹿到车前，驾驶人来不及避让，刹车为时已晚，以致被冲撞碾轧致伤或致死。所以，我们要通过各种形式，帮助他们增强交通安全意识和交通法制观念，逐步养成良好的交通习惯。

二、行人交通心理

1. 行人的一般交通心理

1）行走路线的心理

规划设计道路的重要依据，就是要按照人们行走所需求的路线来布置道路的走向。而行走所需求的路线是行走时的心理表现出来的。

（1）行走目的不同，行走路线不同。行走目的不同，所选择的行走路线也不同。如上下班或办紧急的事，人心里有紧迫感，希望尽快到达目的地，因此，总爱抄近路，走直路；游览、散步的目的是休闲，人有轻松感，喜欢走曲折的路，走小路，以便边走边欣赏景色。

（2）不同特点的行人，有着不同的心理状态。由于行人性别、年龄、职业、个性等方面的差别和特点，他们有不同的心理状态，他们在行走路线选择上也有所不同。最明显的莫过于老年人和儿童，他们在选择道路上、方向上，或者是行走步履上都有显著不同。儿童喜欢快走、跑步，在不同方向上乱蹿；老年人总爱选择安静的道路行走，慢条斯理，不急不躁。普通成年人又有所不同，他们大都有事在身，目的明确，喜欢抄近路、走直路等。

2）行走中的停顿心理

在马路、广场、居住区或车站等各种场所行走时，人们经常有停顿行为。这种行为多半由等候、短暂的观望等形成。有的是随便的、任意的停顿，有的是停顿在某些附属物旁，像电线杆、灯杆、栏杆、墙角等。人们喜欢靠近这些附属物停顿，这样生理上感到有依托，心理上产生安全感。行人停顿目的不同，停顿的方式和地点选择也不同，心理状态也不同。

（1）遇见车辆的停顿。在步行交通中，当遇到前方有来车或有紧急情况发生时，行人往往是随便地、任意地停顿，因为身体无依托和防护，其在心理上有紧张感。有时，这种情况促使他们在心理上想找依托和防护体，但环境往往不可能，时间又来不及，这使人心理更紧张，所以就慌乱起来，交通事故大多数就在这种情况下发生。

（2）等候的停顿。在步行一段路程后，为了候车、等人而在途中停顿。停顿是预先计划的，由于目的明确，停顿的位置选择在最容易看见车辆和来人的地方或是自己易被他人发现之处。如选择交叉路口、车辆出入口、大型建筑物门前等。这种停顿一般是比较安全的，但有时因盼望心切，神志入迷，而忘记了前后左右，从而导致事故发生。

（3）观望的停顿。人在行走的路程中，看见了夺目的商标、广告牌、景观点等停顿下来观望。停顿时间的长短、位置的选择等与观望者的年龄、身份、视力、兴趣、时间等多种因素有关。这是属于一种有目的的观望停顿，但又是无计划的停顿。另一种是无目的的观望停顿，这种停顿行为大多数发生在老年人和儿童身上。停顿是暂时的，他们随时都在待机而动。许许多多的观望停顿，心理比较复杂，目的各异，有时也容易引起交通事故。

3）行人的一般心理

行人在参与交通时，本身既无任何防护装置，又是完全依靠自己的体力行走，他们是交通的弱者。但是，行人对步行的质量要求又是最原始和最基本的，即希望自己能自由自在、迅速、方便地到达目的

地。基于这一特点，他们在步行交通中，往往具有以下心理现象。

(1) 盲目的侥幸心理。行人往往过高地信赖机动车驾驶人遵守交通法律和法规行驶，而自己却愿意自由自在地随意行走。其突出的表现为，认为机动车不敢撞人，即使自己违法行走也不会有危险，所以他们听到汽车鸣笛，或者驶近身边，也不避让，照样横穿道路。这是大多数行人违反道路交通安全法律、法规时的普遍交通心理特点。如在一次调查中，当行人被问及“与车辆同走一条路，是车避让你，还是你避让车”时，有近70%的行人表示“车避让我”。谈及原因，一行人说：“车肯定不敢撞人，撞了人，驾驶人不但要赔偿损失，还要吃官司。”这是一种十分幼稚的认识。虽然作为一个机动车驾驶人在任何情况下都会尽全力避免交通事故的发生，也不会因为行人的违法行走而故意去撞行人，但当机动车来不及躲避或刹车时，受害的只能是行人。同时，行人作为交通的参与者，与机动车驾驶人一样，既有参与交通的权力，也有遵守交通法律、法规的义务。

(2) 贪图个人便利。突出表现为省时、省力、抄近路。如果人们的出行目的地明确，则大多数行人喜欢走直路、抄近路。因为这样做可以缩短距离，保持一定速度，减少疲劳，迅速到达目的地。在这种心理支配下，只要可能避开车辆碰撞，人们就会不顾交通信号，在人行横道以外斜穿马路，快步抢行，或者在汽车流中危险穿行。但是这样为了一时之便，就可能会将自己置身于十分危险的境地，同时也会极大地干扰其他车辆的通行。

(3) 集团心理。单独一个人过马路时会感到人单势孤，是弱者，一般都小心翼翼。当成群结伙同时横穿道路时，则会感到人多力量大，胆子也大，即使汽车驶到眼前，还照样往前走。特别是走在人群中间的人，会更少考虑躲避车辆的问题，似乎周围的人是一道屏障，在心理上会产生一种盲目的安全感。

(4) 从众心理。当行人在横穿道路时，看到别人抄近路穿行或闯红灯而没有人管，自己受到影响，也会跟着一起去做同样的行动。既不用顾及交通警察的责备，也不注意避让机动车或与机动车抢行，这样极易造成交通秩序的混乱，影响道路交通安全。

(5) 惊慌失措。在遇到复杂、突然出现的交通情况时，由于惊慌、着急，行人乱了步调，不加考虑地乱跑、乱闯、跑过去又跑回来或被惊吓而两腿发软，摔倒在地。

驾驶人遇到这些情景时，如果能对行人的心理状态与行为动向有所分析和估计，对自己安全行车是有帮助的。

2. 各类行人的交通心理特征

各类行人在出行中表现出来的心理特征是不一样的，了解各类行人的心理和行为的规律，对于保障行人交通安全是十分有益的。

1）儿童行人的交通心理特征

研究表明，儿童（特别是10岁以下的儿童）对交通规则只有一些片面的了解，而且，他们的注意功能也容易分散，对交通信号的理解也不完全正确。只有少数儿童对复杂交通环境能够适应。

儿童缺乏在道路上安全步行的技能和习惯。研究发现，儿童横穿道路时的感觉、知觉、判断、记忆和运动功能等随年龄增长有不断发展的趋势。在一定年龄前的儿童，这些功能是不完善的。如儿童探测目标区的能力比成年人差得多，对距离的判断误差比成年人大两倍，即他们对距离的判断很少是正确的。而且，成年人在走近路缘时要观察交叉口的情况，而儿童很少注意交叉口情况，直到他们达到路缘。因此，儿童很少有准备地利用适当的交通情况，或站在路缘上等候交通间隙。成年人经常利用适当的交通间隙，儿童却未学习成年人的这些策略。这表明，儿童从父母、学校和安全常识中获得的知识与他们自己的经历和对成年行人的观察中获得的知识并不一致。例如，成年人一般都能预计间隙的来临，并且紧随间隙横穿道路，这一点儿童却做不到。同时，儿童在道路上行走，会发生牵行运动与旋风现象，即当汽车在道路上驶近时，儿童站在路边，驾驶人认为儿童是在等他的汽车过去。可是，当汽车正好行驶到儿童的面前时，儿童就像受到了

强烈的牵引力而蹿到了车道上。另外，汽车高速行驶时，贴近汽车的气流受到了扰动而产生涡流，如果儿童靠近高速行驶的汽车，就会被卷到空气涡流中去，从而发生交通事故。

儿童也很难客观地理解周围环境和所见到的事物，而且不可能像成年人那样正确地估量周围的情况。特别是在强烈愿望和需要的影响下，儿童往往不顾一切地去实现愿望和满足自己的需要。例如，当儿童在幼儿园回家的路上，看见妈妈正在街道对面等他时，他会不顾一切地急忙穿越道路，跑到妈妈身边。儿童突然从车头或车尾闯出，是造成死亡事故的主要原因。

此外，儿童往往出于单纯的好奇心，试图做一些危险的事情。他们意识不到隐藏在事物和周围环境中的危险。好奇心是儿童的天性，没有这种性格，他们的聪明才智和社交能力就不可能得到发展。

最后，值得注意的是儿童使用道路往往不是以通行为目的，而是把道路作为游戏的地方。他们在道路上追逐打闹，在车前车后乱跑，如果遇情况受到惊吓，就会东蹿西跑，不知向路边避让车辆。

2）青壮年行人的交通心理特征

青壮年行人一般都熟悉交通规则，了解汽车性能，而且感知敏锐，反应敏捷，应变能力强，交通安全知识较丰富。但他们大都家务繁重、工作紧张、社会活动繁忙，这就使得他们在道路上行走的时间比其他人要多，但他们往往因为自身的长处忽视交通安全。因此，青壮年在交通死亡人数中也占有较大比例。这些人最大的特点就是不怕汽车，有时他们明知故犯，走路只图自己方便，其主要表现为依仗年轻，反应快，动作灵活，敢于冒险，有人在汽车临近时也敢于以身试车、勇敢横穿、冒险强行上车等。

此外，青壮年女性行人出行一般比较小心，尤其是带小孩的妇女更为谨慎，行动表现迟缓。从等待横穿马路的时间来看，女性比男性平均长4s，横穿马路的速度也比男性慢。但由于现代女性一方面要从事一定的社会工作，另一方面还要承担一定量的家务，其心理负担较重，所以她们行走总是来去匆匆，对道路上的复杂通行情况往往无暇顾及，有时对突如其来的各种机动车的避让表现得犹豫不决。而且，女性行人结伴出行时，喜欢三五成群，说说笑笑，影响她们对汽车的注意和感知。另一方面，当汽车突然出现在她们面前，胆大的就急忙快步穿越道路，胆小的则有的紧急避让，有的犹豫不决或惊惶失措而发生交通事故。

3）老年行人的交通心理特征

首先，我们来简要分析一下老年人的生理特点。老年人一般体力衰弱、力量不足、缺乏耐力。他们接受外界信息的主要感受器官，如眼、耳的生理机能迅速衰退，视力下降，听力不佳，反应迟钝。他们与运动有关的敏捷性、爆发力、动作平衡性降低，动作迟缓，力不从心。

其次，我们再来看一下老年人的基本心理特点。老年人具有比较丰富的实践经验，这往往使他们非常固执，顽固地坚持过去的经验。他们过分地自信，不愿意听别人说的话，对别人的帮助毫不在意。他们做事情往往以自我为中心，经常对青年人表示不服气，对周围变化的情况麻木不仁。他们缺乏毅力，注意力不易集中等。老年人的上述生理心理特点，形成了老年行人在参与道路交通活动中的心理特征。

一方面，老年行人虽然认识到横穿道路存在危险，但是他们的感觉和运动能力的下降不能保证他们能够利用车流间隙迅速横穿道路，而且他们往往不顾自己生理机能的衰退而继续对自己的运动能力保持自信。

实验证明，人的年龄与动视力成反比，年龄越大，动视力下降率也越大。老年人的视区和动态视力衰退，可能引起对驶来车辆的知觉延误和对距离、车速判断不准。他们有时虽然准备横穿道路，却又犹豫不决，有时错过有利的车流间隙，有时走至马路中央又突然折回，使驾驶人措手不及，而发生交通事故。

另一方面，老年人知觉能力降低，注意范围缩小。老年人体力不足，步履艰难，只顾低头走路，缩小了注意范围，降低了知觉能力，

同时，由于身心机能的衰老，不适应高速复杂多变的交通状况。此外，老年行人还易被交通信号弄糊涂。

4）农村行人的交通心理特征

近年来，我国经济持续发展，城市范围不断扩大，道路不断延伸，农村人口、进城务工农民等出行增长，交通参与活动日趋频繁，但由于这部分人口受教育程度相对较低，交通安全意识薄弱，容易发生交通事故并造成伤亡。

由于历史上和客观上的原因，农村人一般比较缺乏交通法律法规意识以及对汽车性能等的了解。他们在乡村道路上行走时常常表现出随心所欲、我行我素的心理。所以，乡村道路特别是小集镇道路上常出现交通混乱的局面。他们进城以后，由于对道路不熟，又不懂交通规则，所以，在道路纵横交错、车辆穿梭的繁华市区行走时，常会感到生疏和无所适从，使得他们在横穿道路时，发生胡乱穿行的现象。遇到了汽车，他们也不会避让，似走非走，犹豫不决。他们在横穿道路时慌慌张张，有的人在来往距离较远时，徘徊犹豫，不敢穿越，而当车辆距离较近时，反而突然横穿道路。有的人出于好奇心理，东张西望，对汽车行进缺乏必要的警惕。有的人一旦遇到复杂的交通情况，应变能力较差，尤其在听到众多机动车鸣笛时，常常会惶恐不安，惊惶失措，以致乱跑乱闯，避让不及时，极易发生事故。刚进城的农村人遇险，多数都发生在横穿道路之时。

5）残疾行人的交通心理特征

残疾人由于先天或后天生理缺陷，行动不是很方便。我们知道，人体视觉的基本功能是感受外界的光刺激，人体感受的信息80%来自于视觉反应。而盲人对任何光线刺激都没有反应，对于交通的通行情况不能直观看到，缺乏必要的交通信息。所以，他们在行走过程中会表现出步伐频率小，脚的踢出高度大于正常人。他们往往低头走路，行进小心翼翼，动作迟缓，手中握有特殊标记的导盲杖等工具。

而失聪者由于听觉器官失去功能，对任何声音都无法感知，在行走时，外界的音响刺激不能促使其对车辆引起警觉，因此表现出置若罔闻，在参与交通时最容易发生交通事故。这种生理上的缺陷从外观上不易被察觉，很难引起驾驶人的注意。失聪者只靠两眼观察道路车辆情况，汽车喇叭对他们不起作用，而驾驶人一般是较远就提前鸣号警告行人，并且假设行人听到后立即避让，这样就极易造成交通事故。因此，驾驶人应特别注意观察此类行人的交通心理特征和外在表现，以确保他们的人身安全。

第三节　针对城市行人与骑车人的安全驾驶应对

在城市交通系统中，行人是一个重要的主体要素即交通参与人。行人的安全心理状况对城市交通安全具有重要影响，优化行人安全心理是提高行人安全程度的重要途径。行人安全心理与行为的分析必须置于城市交通情境之中才能得到具体的说明。本章就城市交通情景中的行人道路安全现状、行人安全意识、安全策略等问题进行探讨，对城市骑车人的心理行为进行分析，以此促进构建和谐有序的现代城市交通环境。

一、城市行人的交通现状

1. 交通情境及其构成要素

1）交通情境的含义

置身于城市这个物质空间，我们可以观察到复杂的道路、设施配置和人来车往的景象。道路、设施、人流和车流构成了一副生动活泼的画面，彰显着城市的繁华、紧张、忙碌和有序，一切都在流动之中。由此，我们对城市交通有了切身的感悟，这是一个特定的交通情境。在这个特定情境中来研究行人的心理和行为就具有现场感和针对性。那么，何为情境？美国社会心理学家托马斯提出了“情境定义”的概念。人与人、群体与群体在打交道过程中出现了相互调适的行为，如

何解释这些行为的产生呢？他认为，人们相互调适过程中出现的行为是由环境决定的，个人通过情境定义而决定行为方式。情境的含义有两个：一是个人或社会进行活动的客观条件，即各种价值观、经济、宗教、知识等的整体；二是个人或群体的生存态度，它是长期经验沉淀而成的，在特定的时间里对人的行为产生重大影响。运用情境理论考察交通情境中行人的心理与行为同样具有借鉴意义。

我们可以这样认为，情境是由特定的物质空间和人的活动所构成。交通情境就是由城市物质空间和特定交通参与者所构成的一种态势，这个态势制约着行为主体的交通心理和行为方式，交通活动的发展就具有可理解性和可说明性。行人的行为方式选择只有置身于特定的交通情境之中才能得到具体的理解和说明。

2）交通情境构成的要素

特定的城市空间和时间是交通情境的客体要素。建筑物、道路、设施和特定的城市空间、时间是交通情境的客体要素。其中，建筑物、道路和设施处于固化和静止状态，制约人的活动路径和范围的选择；时间、空间要素是特定交通行为发生的存在形式；驾驶人和行人是交通情境的主体要素，具有高度的灵活性和变动性。在城市从事社会职业活动的目标指引下，驾驶人和行人就在特定的时间和空间构成了交通情境，形成了相互影响相互制约的关系，尤其在城市上班和下班的高峰期，在十字路口、人行道、机动车道等路面上行人和驾驶人为了实现各自的社会活动目标而产生的互动关系。这种情境下的互动可能是良性的，也可能是恶性的。良性互动就是双方遵守道路规则，相互注意、有序通行，各自的路权得到保障，平安地到达目的地。恶性互动就是一方或双方均不遵守交通规则，以占道、抢道、闯红灯等方式实现各自的路权。双方没有为对方安全着想，是一种单方面主张路权的行为，容易发生路权之争，甚至产生以交通事故为表现的路权冲突。因此，交通情境是制约交通参与者交通角色行为的外在原因。对进入交通情境中的交通参与者而言，树立正确的角色意识，遵守正确的角色规范，实施恰当的角色行为，是和谐交通秩序的内在基础。

2. 城市行人安全现状

汽车在给人们带来物质文明的同时，也带来了交通灾难。最新公布的《道路交通事故统计年报》中显示，近年来，我国行人因交通意外死亡的人数占事故死亡人数的26%左右，北京、广州、杭州等城市，已占到近40%。欧盟对道路交通事故分析显示，行人死亡人数是车内乘员死亡人数的9倍。人口的增长和城市规模的扩大、社会经济活动的增加，使城市交通需求总量每年以2~3倍的速度增长。我国居民目前的出行方式仍然以步行和自行车为主。1986年，上海市民出行方式中步行占41%，自行车占30%，到1998年，步行者占30.4%，自行车占41.7%，预计2020年步行占22%，自行车占20%。全国人大常委、民建中央副主席路明在中国博鳌2006年交通安全与风险管理研讨会上指出，我国交通事故的主要特点是：国外经常是车撞车，死人的概率小，而国内经常是车撞人，死人的概率大，这正是我国混合交通现状的表现。

3. 城市交通事故的原因

1）行人、摩托车以及非机动车的违章行为是城市交通事故的直接原因

调查数据表明，中国交通事故致死80%是由于行人或非机动车违章引起的。而在日本，事故的主要原因在于机动车驾驶人本身。2004年的数据表明，日本所有交通事故中，由于驾驶人判断、操作失误造成的事故占88%，而由行人、摩托车造成的事故占12%，这从一个侧面反映出我国混合交通的高危险性。行人、摩托车、非机动车的违章行为是我国交通事故率高尤其是死亡率高的重要原因。

在我国道路交通事故中，步行交通方式死亡人数占事故总死亡人数的26%左右。行人横穿车道时造成死亡占行人死亡事故的90%以上。行人对危险感知的局限性是导致死亡事故的重要原因。

2）行人、驾驶人的交通安全意识普遍薄弱是城市交通事故的主观

原因

我国城市行人、驾驶人自觉遵守交通规则的意识淡薄。从对城市行人交通行为的观察可见，我国许多大城市，过马路的行人几乎无视红绿灯的存在，在中小城市，行人更是随意横穿马路。很多驾驶人没有养成正确的驾驶习惯，没有掌握事故发生前后正确的操作和处置方法。在国外，即使是在上班高峰期，斑马线路口也规规矩矩地站满了上班和上学的人，“红灯停、绿灯行”已严格地成为一种有秩序、有纪律、有素质的社会象征。

3）机动车驾驶人和行人之间缺少联系是引发事故的风险因素之一

不同的交通参与者参与交通活动的前提是他们能正确认识各自的交通地位，并在活动中有足够的时间采取适合他们的正确行为。因此，交通设施过于复杂、视线不清等因素会影响交通参与者的交通安全，而路边停车和路边障碍被认为是造成行人特别是儿童和残疾人交通事故的主要因素。不同道路交通参与者对交通安全的不同期望也是造成行人和机动车驾驶人交通事故的风险因素。例如，按照法律规定，行人在通过斑马线时有优先通行权，机动车应停车等行人在安全的情况下通过后再通行。但有的驾驶人不认可这一法律规定，这样的驾驶人如果碰到优先意识很强的行人通过斑马线时就很有可能发生交通事故。行人想着有优先通行权，机动车会停车让行，而驾驶人指望行人会让他先行，不同的期望值容易造成交通冲突。

4）交通安全设施缺陷是交通事故发生的客观原因

现行的城市道路、天桥、地下通道、交通标志等方面还存在缺陷。地下通道和人行天桥可以对交通进行空间隔离，但当出入口距离行人的目的地较远或行人实际行走距离过长时，其利用率就比较低。设计时最好能够与附近人群密集中心的出入口相连，在通风、照明等方面合理设计，提高其使用率。

在平交路口，有控制信号灯的人行横道分别为行人和车辆提供相应的通行相位，使其通行时间隔离，避免事故发生。而实际上，有些地方的车辆转弯信号与行人通行信号相互重叠，即行人横过街道时车辆可以同时转弯，存在交通冲突点和事故发生的可能性。在路段当中没有信号控制设备的路面人行横道，发生事故较多。行人在人行横道线上容易过高估计自己的安全性，既不注意观察车辆的行驶状况，在有车临近时也不注意避让，认为车是有人驾驶的，会主动避让我通行。我国当前许多驾驶人往往与行人抢行，降低了行人在无交通信号灯斑马线上的安全性。

4. 城市行人交通安全意识

意识是一种高级心理活动，对一般心理起支配作用。良好的意识能够对不良心理和生理起到修正和弥补作用，对城市行人的心理冲突和角色越轨行为起到纠偏和定向作用，对培养健全的交通安全意识十分重要。

1）交通安全意识内涵

交通安全意识就是对交通安全的认识和评价，其外延包括大众意识、自尊自爱意识、遵章守法意识。

大众意识是社会公德在人头脑中的体现。把自己的行为和他人的行为结合起来考虑，在交通行为和过程中注意互助互利，设身处地，换位思考，有利于和谐交通秩序的形成和维护。

自尊自爱意识是尊重自己和他人生命权利的表现。一个人首先要懂得珍惜自己的生命和权利，才能体会到他人生命权利的重要，才知道怎样规范自己的行为，以使他人不受损害。

遵章守法意识是对交通法规与交通安全关系的认识，主要体现在人的自觉性上面，自觉性的高低决定了遵章守法意识的强弱。自觉的本身是一种约束，这种约束不是靠别人的监督和行政命令，而是靠本人的自我控制，是遵章守纪逐渐形成一种交通行为习惯，能够把他人和自己的生命、财产安全时刻放在心上，督促自己遵章守法，安全行车走路。

2）交通安全意识的两层境界

初级境界，在交通活动中，交通参与者往往以不发生交通事故作

为行为准则。人们主要关注交通事故给社会和他人带来的危害，因而致力于采取措施防止道路交通事故的发生。

高级境界，人们在进行与道路交通有关活动的同时，不仅注意安全行车走路，而且注意时刻规范自己的交通行为，注意保持交通畅通。这种意识境界是自尊自爱、大众意识、遵章守法意识的良好结合，是精神文明高度发达的象征，是每一位交通参与人努力的目标。

二、城市行人交通行为分析与驾驶应对

在人、车、路、环境等要素构成的复杂的动态交通系统中，人是交通活动的主体。在参与道路交通活动的所有人中，行人（含非机动车驾驶人，下同）是一个重要的组成部分，他们当中既有老年人、中年人、青年人，也有少年和儿童。

当前，我国道路交通安全法规和交通安全常识的宣传普及教育工作力度不大，缺乏广度和深度，导致广大人民群众遵守交通安全的自觉性和维护交通安全的意识淡薄，甚至有不少的交通活动参与者尚属“交通盲人”。这给道路交通安全造成了极其不利的因素，更给机动车驾驶人安全行车增加了难度，也是当前道路交通安全管理的一个软肋。为切实改变这一现状，国家正在推行道路交通安全社会化管理，开展交通安全进农村、进社区、进单位、进学校、进家庭的宣传“五进”活动，并开展实施道路交通安全宣传教育工程活动，旨在普遍提高全民的交通安全意识。

尽管如此，仍然经常会有行人不遵守交通规则，随意穿行道路。在城市中的闹市区或交叉路口，特别是机动车道和非机动车道没有明确划分的路段，行人和机动车抢行的情况十分普遍。如果机动车驾驶人在这种情况下观察不力、判断失误、处理不当，就很容易造成交通事故。

根据最新修订的《道路交通安全法》的规定，在通过没有交通信号灯、交通标志标线或交警指挥的交叉路口，机动车应减速慢行并让

行人优先通行。因此，驾驶教学时要让驾驶人学会避让行人，切不可意气用事，开赌气车，必须要高度认真仔细地观察、判断行人的动态特点，以确保行车安全。

行人在交通活动中的最大特点是：可以在极短的时间和极短的距离内改变自己的行为。比如，在横穿马路时可以陡然站住、跑步或变更方向等。行人的步行心理因人而异，步行速度没有一定的规律。所以，在教学时，对于遇到行人时的交通安全问题，要引起高度重视。

1. 缺乏交通安全经验的行人

有些行人缺乏交通经验，看见汽车还在很远的地方驶来或听到行驶声，就急忙闪避到道路的一边。待汽车临近时，又感到自己所处的地方不安全，表现出惊慌失措、左右徘徊，有时会突然向路的另一边猛跑，从而造成险情。一些行人，发现后面有来车时，就向路边让，当汽车跑过去之后，马上又回到路中间，忽略后面还有车。还有一些人横穿道路并已行到道路中间，遇到左（右）方车时，往往向后退让，而不顾身后是否有来车，结果顾此失彼、不知所措。在教学中遇到这些行人时，应提前减速，并尽量离行人远一点驾车驶过，同时做好随时停车的准备，一旦发现险情即应立即停车，待这些行人安定下来后，再继续行驶。

2. 麻痹大意的行人

有些人认为汽车有人操纵，虽然自己不让路，汽车也不可能撞到自己；还有的人想显示自己的胆量，认为驾驶人不敢开车撞他，看到汽车，甚至汽车已驶到跟前，也不迅速避让，甚至不予理会；有的人虽然避让一下，但并不考虑避让的效果，使汽车仍然无法通过。遇到这种行人时，应减速，耐心地设法避让通过，切不可急躁赌气，更不可意气用事，冒险强行。

3. 顾物而忘却安全的行人

有些行人将东西掉在道路上，为尽快捡回失物，不顾汽车临近和

自身安全，冒险上前捡拾；有些赶着牲畜在路边行走的人，当汽车驶近，牲畜骚动起来，为了保护牲畜而冲到路中驱赶，忘却自己的安危。对于这些行人，驾驶人必须既要看人，又要看物，要将物和人有机地联系起来，一旦发现有物落在车行道上，就应做好有人来捡物的准备，主动降低车速，避让物品，并作好随时停车的准备，以保安全。

4. 躲避灰尘和泥水的行人

一般来说，每个行人都想躲避灰尘和泥水，但有些冒失的行人，为了躲避汽车行驶扬起的尘土或溅起的泥水，往往不顾安全，在汽车驶近时，突然跑向路的另一边。对这样的行人，重点应放在预防上，要注意观察风向和行人动态。尽量减速，以减少尘土飞扬；避开水洼，减少污水的飞溅，并做好避让行人的准备，鸣号提示行人注意。

5. 沉思的行人

陷入沉思的行人，注意力高度集中在所思考的问题上，除两腿本能地机械移动外，对外界一切都置若罔闻，汽车的行驶声不能引起他的注意。遇到这类行人时，要减速，缓行绕过，并尽可能地保持较大的安全距离，以防行人从沉思中突然惊醒，盲目乱跑。

6. 顽皮的儿童

儿童一般活泼好动、年幼无知。城镇儿童一般不太惧怕汽车，经常在公路边或公路上玩耍。汽车在起步或减速行驶时，有的还追扒车厢。遇到这样的儿童，要注意全面观察，既要看到路中的儿童，又要留心其路旁的小伙伴。在他们追车玩耍时，要有耐心，减速甚至停车，劝阻孩子们离开后，再驾车行驶。行车起步时，注意观察后视镜，防止儿童攀扶车厢等危险行为。

7. 聋、盲等残疾人

行车中，遇到聋哑、盲等残疾人时，要谨慎小心，根据具体情况作适当处理。如聋哑人因为听觉失灵，根本听不到外界的一切声音。凡遇到行人毫无反应，就应考虑可能是听觉失灵者，要尽快减速，从其身旁较宽一侧缓慢通过。盲人的听觉一般都很灵，通常听到汽车声就急忙避让，但不了解自己应如何避让，往往欲避却又不敢迈步。遇此情况，应观察判断视情况通过，避免因盲人无所适从而发生危险。必要时，要下车搀扶盲人离开危险区，而后驾车通过。

8. 受天气影响的行人

遇到暴风骤雨时，行人为避风躲雨而东奔西跑，道路上的秩序会混乱。汽车在行驶中应注意和掌握行人为避风雨而奔跑的动态。雨天，行人撑伞或穿雨衣，视线和听觉会受到影响，不能及时发现、避让车辆。对此应加强观察，从路中间缓慢通过。严寒和风雪天，行人穿戴较厚，行为不便，专心赶路，对汽车不太留心，对此应减速，从其一侧缓行通过。通过时要考虑道路的湿滑情况，防止车辆侧滑或行人滑倒而发生事故。

9. 结伴而行的行人

几个人结伴而行，其中一人向路的一边跑，其他人也可能跟着跑。对这些行人要注意领头的人和那些表现比较犹豫的人，尤其在同行人大都已穿越道路，还剩少数人在另一边时，要特别注意这少数人的行动。结伴而行的人，常常边走边谈，一些青年人爱打闹玩笑，对此必须格外注意，防止他们因打闹玩笑而突然跑到道路上来。对列队而行的团体横穿道路时，应停车等候队伍过完，不可抢行冲断队伍。

10. 精神失常的人

有些精神失常的人，往往在公路或街道上毫无规则地游荡，有时手舞足蹈地拦截车辆，甚至横卧于道路上。遇到这种病人时，应本着人道主义精神，设法低速缓绕而行，不应对其恫吓或用武力驱赶，必要时，可协助有关人员将其收容。精神失常的人与汽车缠闹时，驾驶人应关闭驾驶室，不要与其纠缠，让车处于随时起步的状态，待病人离开后即起步行驶。

11. 突然横穿道路的行人

行人突然横穿道路，对行车安全有极大的危险性。当发现有人横

穿道路时，应立即采取制动措施，同时判断行人横穿的速度和车辆可以避让的安全地方。避让横穿道路的行人时，应从行人身后绕过，但要注意行人可能突然止步或往后退。视线不良的胡同小路、交叉路口，看不到行人动态，要注意从胡同、小道内突然出现的横穿道路者。

12. 通过人行横道的行人

车辆行经人行横道遇有交通信号放行行人通过时，必须停车或减速让行，通过没有信号控制的人行横道时，必须注意避让来往行人。不同年龄的行人在路上也会有不同的动态行为特征，教练员要学会区别对待他们，认真观察各种类型的行人，并及时改变行驶方式，这对安全行车很有帮助。

总之，正确观察判断行人的动态，在行车过程中，因地、因时、因人、因情来正确判断行人的动态，做到注意，提前预测，提前准备，是保证教学安全、预防事故不可忽视的重要措施之一。

三、城市骑车人的交通现状

1. 自行车交通特征

据不完全统计，两年里，杭州公共自行车服务点从61个激增到2050个，自行车数量从2800辆激增到51500辆。2008年5月1日，自行车日租用量3704辆次；2009年五一小长假期间，平均日租用量7万多辆次，最高达到89310辆次；2009年5月2日，日租量突破10万辆次；2010年五一长假，平均日租量达到22.7万辆次。自行车不同于汽车，是一种真正“门到门、户到户”的个人交通工具。在城市的大街小巷，自行车构成城市的一道风景线。自行车以其价格便宜、驾驶技术简单、机动灵活、交通连续性强等优势深得人们喜爱。深入分析自行车交通特点与规律，掌握自行车骑车人心理与行为特点，是解决自行车交通存在的问题的关键。

1）经济方便、驾驶容易、节能、无污染

自行车价格较为便宜，各收入层次民众都可依据收入水平选购不同类型的自行车，而生产厂家也在不断提高自行车功能和质量以适应人们的需求。自行车的动力是人力，是一种无污染、机动灵活、适应多种路况的个人交通工具。从国际国内能源危机来看，自行车交通显示出的优越性，在很长时期内不可能消失。

2）交通流密度大，有明显的时间集中性、方向性规律

虽然单辆自行车运行所需道路面积仅为一辆小汽车运行面积的1/5，但在上下班高峰期，自行车的数量非常巨大，往往在短时间、局部区间内形成主要交通流，具有时间集中性和方向性，一旦一车倒下，往往邻车、后车相继倒下，引发一连串交通事故。

3）舒适性差

自行车没有驾驶室等防护设施，受气候条件影响大，在风、雪、雨、雾等天气情况下骑自行车十分不方便。自行车全靠人力驱动，其功能受到地形和出行距离等条件限制，长时间骑车会产生疲倦等不舒适感。

4）稳定性差

自行车只有两点接触地面，接触面积小，重心高，骑行过程中稍受干扰就容易改变方向、摇晃或倾倒，所以自行车的稳定性较差。

5）干扰性大

鉴于稳定性差和干扰性大这两个特性，自行车对机动车和行人交通尤其是对城市道路交通秩序造成了严重的干扰。突出表现为，在城市道路交通中，自行车严重侵占机动车道，与机动车抢道行驶，在机动车前截头猛拐，迫使机动车速度下降。特别是在交叉路口，自行车、机动车、行人形成许多交织的潜在冲突点，是造成路口堵塞、通行效率低下、事故多的重要原因。

6）自行车的其他特点

自行车在行驶过程中的特点是：逢友必并，即遇到朋友两车并行；逢闹必看，即遇见热闹必停车围观；逢慢必超，即遇有前车速度稍慢时，后车就迫不及待超车；逢物必绕，即遇有障碍物，则任意绕行。

在城市道路上随时可见自行车的这些运行特征。

2. 自行车事故类型

自行车事故是指骑车人或推自行车行走的人在道路上被机动车刮碰挂、擦轧或相撞而造成的人员伤亡和车辆损毁事故。不同情境下的自行车事故类型存在差异，主要有以下几种类型。

1）汽车从支路穿出引起的交通事故

当汽车从支路中穿出通过无信号灯的路口时，由于没有减速观望，或根本就是闯红灯，或是绿灯通过的没有减速等原因，与横过道路的自行车相撞，这类事故发生率极高。

2）自行车左转弯引起的交通事故

自行车左转弯时几乎斜穿整个路口，与各个方向行驶的汽车行成交叉点。普通的交叉路口一般都没有设置左转弯信号灯，所以自行车在左转弯时就会混杂在直行或转弯的汽车当中，从而发生交通事故。

3）汽车转弯引起的交通事故

自行车直行通过路口，而汽车在路口转弯时由于操作不当等原因引起交通事故。

4）自行车逆向行驶引起的事故

很多骑自行车的人为了方便、省事，经常会在非机动车道上逆向行驶造成交通事故。

四、城市骑车人交通行为分析与驾驶应对

1. 在市区，特别是在无机动车与非机动车分道的混合交通道路行车时，要集中精力，警惕青年人骑车见空就钻的心理。人多车密时容易发生刮擦，被擦的骑车人极易不碰就倒。转弯时，如果驾驶人只注意自己车头已过骑车人而猛打方向，也会碰擦骑车人，特别是超长货车。遇到这种情况，驾驶人应做好停车准备，注意两边后视镜，必要时果断采取紧急制动措施。

2. 在市区车辆被堵时，要警惕骑车人见堵就绕的心理。汽车一

堵，自行车、行人密集，驾驶人如果只注意前方动态而不观察左右两边情况，极容易造成碰撞自行车而发生交通事故。遇到这种情况，车辆起步时应观察左右两边后视镜，监视两边自行车动态，确认安全后方可起步行使，要做到“宁停三分，不抢一秒”。

3. 在市区与车辆交会时，要警惕骑车人见慢就超的心理。汽车一慢自行车就超，若正遇两车交会，把骑车人夹在中间形成“夹心车”，会使骑车人进退两难，不是撞在交会车上就是擦在被超车辆上。遇到这种情况，驾驶人要密切注意会车时双方左右的自行车动态，随时做好刹车、停车准备，防止碰撞“夹心车”。

4. 在市区行人密集区行车遇到女同志骑车时，要警惕妇女胆子小，骑车不稳当的心理。一般女同志胆小，一遇到情况就刹车，刹车就倒。如果驾驶人不注意自己车辆与骑车人的车距、间隙，擦身而过，造成骑车女同志心慌而骑车不稳，欲骑不敢骑，想停不敢停，极易发生自行车倒向机动车而被车辆后轮轧过造成车祸。驾驶人遇到这种情况不要多鸣号，应减速让行，多留安全距离，注意观察两边情况，绝不能在窄路上冒险超越自行车或与之交会。

5. 在市区、城郊路段行驶中，遇到自行车上下班高峰时要警惕职工上班怕迟到的心理。在人多车密情况下，尽管驾驶人不断鸣号，但骑车人为赶时间仍不礼让，居中骑车。这时驾驶人就要采取减速行驶，切勿采取加速绕道穿行或抢道超越，否则在双方加速的情况下极易临危不及而酿成大祸。只有减速避让，观察车流动态，及时准备停车才能确保安全。

6. 市区夜间行车时，要警惕多个骑车人并行说说笑笑的行为。因为夜晚车辆较少，骑车人并在一起行车有说有笑，注意力不集中，与车辆交会时受灯光照射影响，视线模糊眼发晕，会造成精神紧张而处理措施不当，易发生意外。因此，遇到这种情况时驾驶人应将远光灯变为近光灯或小灯，集中思想，留出足够安全距离，减速行驶，缓缓通过。

7. 在超越自行车的时候，必须做好应付各种突发情况的准备，尤其是防止突然拐弯。为了预防与突然转弯的自行车相撞，应提前收小油门减速，做好随时停车的准备。汽车在交叉路口右转弯前，如果在距路口 20m 内有同方向自行车前行时，最好减速等自行车驶过后再右转弯，这样可避免自行车撞在转弯汽车右侧的事故发生。在交通信号灯为红灯允许右转弯的路口，要让绿灯放行方向的自行车先行。在没有灯光照明的公路上遇到骑车人时，要格外当心。城市中遇到自行车流时，要重点观察右侧超速骑行的自行车，防止其为了超越他人的自行车突然骑入机动车道。

8. 骑自行车结队行进中，发现有来车时，一些骑车技术差的人，在让车过程中由于人多、路窄、拥挤，在抢占安全有利位置时，又担心碰到同伴而产生恐慌，自行车左摇右晃，无法平衡，导致自行车之间相碰撞，跌倒在公路上，特别是下坡转弯路段这种现象尤为突出。遇到这种情况时，驾驶人要留心观察，保持安全距离，及时发现危险动态，切不可盲目超赶。有些骑车人经常改变行车路线，有空就钻，这很不利于行车安全。所在路上行驶应和他们保持一定的距离，要防止骑车人突然摔倒，出现危险。

9. 造成自行车交通事故的主要违章情况有突然横穿、截头猛拐、逆道骑车、下坡滑行、骑车带人、载物超宽超重、车闸失灵、与机动车争道抢行等。教学时应分类加以说明。

1）争道抢行

《道路交通安全法》规定，“没有划分机动车道、非机动车道和人行道的，机动车在道路中间通行，非机动车和行人在道路两侧通行”。

案例一：

某高校研究生谭某（男，22 岁）到同学处玩耍，返回本校途中，某建筑公司解放牌大货车带挂车由后面驶来，驾驶人鸣喇叭示意超越。由于前方道路右侧堆放大量木料占据路肩，谭某听到鸣喇叭后未予理会，继续行驶并发生摇晃。当自行车与汽车齐头时，自行车前轮偏转与汽车右前轮发生刮擦，骑车人倒入汽车与挂车之间，被挂车右前轮碾压头部，当场死亡。

教训及预防

在路面宽度不能保证车辆按正常速度行驶、会车或超车的道路上，汽车与自行车相遇应注意：若自行车与汽车相向行驶，骑车人容易对迎面而来的汽车产生恐惧心理，因而左右摇晃，这时容易发生两车正面碰撞事故；若自行车在汽车前方与汽车同向行驶时，由于骑车人背向汽车，恐惧心理减弱，但又往往容易滋生“不信汽车还敢轧我”的心理，而与汽车争道抢行。此时，若汽车贸然强行超越，很容易发生事故。

由于机动车在其正确的行驶线上比非机动车享有先行权，自行车在遇前方路障需要绕行占道时，一定要注意主动避让机动车。那种“反正你不敢轧我”的侥幸心理和故意不让车、与机动车争道抢行的行为是极其错误的，这是造成上述事故的重要原因。这个血的教训应引起每个骑车人的重视。

2）违章转弯

《中华人民共和国道路交通安全法实施条例》规定，非机动车驾驶人“转弯前应当减速慢行，伸手示意，不得突然猛拐”。

案例二：

某市公交公司驾驶人唐某驾驶公共汽车，牵引抛锚的公共汽车回站修理。车行至交叉路口时，前车刚转弯，两辆自行车先后向被拖车驶来。售票员和驾驶人当即向骑车人高喊：“自行车，快让开！”同时，驾驶人也鸣喇叭并制动。后面的骑车人见状随即停下，但前面的骑车人张某（男，20岁，某高校学生）却因头戴随身听耳机，未能听见呼喊声和喇叭声，径直横穿入两辆公共汽车之间，当即被两车之间的钢丝绳挂倒。由于前面的公共汽车已转弯，未觉察到有人出事，仍然牵引着已制动的后车继续行驶。待发现停车时，后车已从骑车人身上碾过。张某当场重伤，送医院抢救无效于当日死亡。

教训及预防

我国道路交通多为混合交通，尤其是城市交叉路口交通流量较大，骑车人即使是眼观六路，耳听八方，也常常会遇到一些意料不到的危险。如果戴上耳机势必变成听不到车声响动的“聋子”。同时，因专心收听录音机分散注意力，影响人对道路交通情况及信号的观察，因此，戴耳机骑车是一种极危险的违章行为。骑车拐弯前，应减慢速度，回头看清有无车辆通过，再伸手示意通行方向，不要突然猛拐。

3）违章行驶

《中华人民共和国道路交通安全法实施条例》规定，骑车人“不得扶身并行，互相追逐或者曲折竞驶”。

案例三：

某高校学生马某（男，19岁）等6人相约一起骑车外出郊游。他们沿途嬉笑打闹，互相追逐。途中马某加速骑驶从左侧超越前方骑车的同学，由于骑驶不当，在超车过程中自行车后轮挂住了被超自行车的左侧脚架，自行车当即失去平衡，发生摇晃，偏向路中。此时恰遇一辆拖拉机迎面驶来，自行车前轮被拖拉机前端碰撞，马某被撞倒，被拖拉机左前轮碾压，当场死亡。

教训及预防

近年来，学生三五成群结伴骑车外出旅游的情况较多。从繁重学习生活中轻松一下，本无可厚非。但有的同学在行驶过程中，不注意交通安全，嬉笑打闹，互相追逐，勾肩搭背，或遇坡道为了省力曲线行进，都是极其危险的违章行为。要预防交通事故的发生，就必须严格遵守交通法规。

4）违章上路

《中华人民共和国道路交通安全法实施条例》规定，自行车“在路段上横过机动车道或途中车闸失灵时，应当下车推行”。

案例四：

某高校学生陈某（男，21岁）骑车进城购物。行至下坡路处，即开始滑行。这时对面驶来一辆东风牌大货车，驾驶人发现自行车速度很快，骑车人技术看似不很熟练（左右摇晃），急忙鸣喇叭并靠右停车。骑车人听到汽车鸣喇叭后，急忙捏车闸，发现车闸失灵，忙伸出右脚蹬击后车轮圈。由于陈某在高速滑行中采取上述措施，造成自行车左右摇晃厉害，迎面撞上已停靠路边的汽车左前端，造成重伤，在医院抢救无效死亡。

教训及预防

这是一起因车闸发生故障继续违章行驶发生的自行车交通事故。自行车下坡滑行，本已十分危险。途中又遇车闸失灵，前方又有汽车高速驶来，更是险上加险。但骑车人却未引起重视，向后伸脚拍击自行车后轮，企图使车闸恢复正常，结果与汽车相撞致死。

从以上案例中，我们应知道，由于自行车骑车人体重通常大于自行车本身的重量，在行驶中存在着重心高、稳定性差的问题。车轮与地面呈两点支撑且接触面积小，行驶中主要靠骑车人的体力与车技去平衡行驶，加之无任何防护设备，与机动车相遇时容易发生事故。因此，骑自行车上路时，除严格遵守交通法规中关于自行车车况及其搭人载物的规定外，还要随时注意观察机动车的往来动态，做到谨慎行驶。当途经窄路、陡坡或遇有路障、车闸失灵时，一定不要怕麻烦，坚持提前下车推行。并做到在任何情况下，不与机动车争道抢行，以避免意外事故的发生。

第四节　农村交通安全驾驶应对

一、农村交通安全的现状

近年来，随着我国经济的飞速发展以及新农村建设的推进，国家将大量的财力、人力投入农村道路建设。截至2009年年底，全国农村公路达333.6万km。浙江省从2003年开始建设乡村康庄工程，目前通乡通

村公路达4.8万km。四通八达的乡村道路为城乡经济发展插上了腾飞的翅膀，改善了农民出行条件，活跃了农村经济，促进了城乡文化交流。随着道路的增加和通行条件的改善，农村小中巴、小货车、机动三轮车、摩托车等交通工具不断增加，特别是摩托车，在农村非常普及。

与此同时，农村的交通安全问题也逐渐凸现出来。统计数据显示，2005年全国县道、乡道等农村公路发生交通事故101 757起，造成23 707人死亡，分别占总数的22.6%和24%。2006年，全国共发生道路交通事故378 781起，死亡89 455人，伤431 139人，直接经济损失14.896亿元。据统计分析，其中农民受到的伤害最大，死亡人数达39 610人，占死亡总数的44.28%，受伤人数达158 487人，占受伤总数的36.76%。同年，全国发生在二级、三级公路上的交通事故共造成47 448人死亡，占总数的48.1%，其中有相当一部分为农村人员。2003年以来发生的一次死亡10人以上的重特大道路交通事故中，发生在农村公路的占54%。

2009年，浙江省农村公路事故占比超过1/3。全年农村公路事故死亡1665人，占全年事故死亡总数的29.27%，其中县道公路事故死亡1349人，乡道公路事故死亡305人。2007年发生的泰顺“8·10”和上虞“10·26”两起重大交通事故，比较直观地暴露出农村公路交通安全隐患。泰顺“8·10”重大事故中的防撞隔离墩水泥混凝土强度低，钢筋植地浅，起不到防撞的功能，造成16人死亡。上虞“10·26”重大事故发生在桥水地带，客车为避让电瓶车从两个护栏中冲出坠水，致使车内12人死亡。

由此可见，农村交通安全已经不容忽视，否则，将会给广大农民朋友的生命安全造成极大的威胁。

二、农村行人交通特性

在道路交通系统中，行人一般被认为是不太重要的因素，但行人往往是道路交通事故中最容易受害的。我国每年行人死亡人数约占全部交通死亡人数的1/4。因此，在道路设计或是在交通控制中，必须研究行人的特点、特征，充分考虑行人的出行需求，确保行人的安全。

1. 行人的共同特征

由于农村道路的特殊性，农村行人除了与城市行人具有某些相似的特征外，也有自身独有的一些特征。总的来看，农村行人的特征主要有如下几个方面。

1）行走速度慢

行人在道路上行走时，与车辆行驶速度相比，行走速度一般是比较慢的。无论是城市行人还是农村行人，潜意识里都在道路两边行走。行人在横穿道路时，通常要站在道路旁观察车辆情况，当判断车辆间有足够的时间间隙或者没有车辆通行时，才会横穿道路。对行人横穿道路的等候时间研究表明，女性行人的等候时间比男性长。无论男性或女性，随着年龄的增长，等候横穿道路的时间也相应增加。而且在一天的不同时刻，人们的等候时间也有差异。

2）无法做到左右兼顾

行人在行走或横穿道路时，大多注意右方向的车辆交通情况，很少注意左方向的车辆交通情况，只有少数行人是左右兼顾。多数行人事故是由于行人仅注意右方向车辆情况未注意左方向车辆情况引起的。对行人事故的研究发现，多数行人事故发生在人口比较集中、道路不是很宽的地方，而且事故多发生在下午。大约57%发生在小于12m宽的道路上，而且车辆速度也不太快，95%的车辆速度在35km/h以下。在行人事故中，儿童与老年人所占的比例较大。

3）行走随意

由于农村道路不宽，缺乏相应的交通配套设施和标志标线，所以很多农村行人在道路上行走时比较随意，不会固定在道路两旁，而是时常穿插，一会儿可能在右边行走，一会儿又可能在左边行走，随意性较大。特别是乡村的集镇上人山人海，整条街上、路上都是行走、穿梭的人，车辆在人群中缓缓而行，根本就谈不上交通秩序。

另外，农村行人在行走时，随意性很大，不会顾及各种各样可能发生的情况，往往抱着“我走我的路，车辆见着我自然会闪避”的思想，很少主动地进行观察与躲避。

4）安全意识薄弱

农村行人交通安全意识薄弱。在农村，很多人不懂交通规则，在乡村道路上行走时，不会关注什么时候、什么地方该走、该停以及应该如何行走。在面对危险时，往往不知道如何应对，不知道如何保护自己。

5）集群与负重

由于农村存在赶集现象，因此农村行人大多具有集群性负重行走的特点。农民注重集市，在集市这天农民三五成群，拖儿携老到集市聚集，具有一定的集群性。同时，由于集市离家相对比较远，而且间隔几日才会有一次集市，所以农民习惯把集市这一天看成是买卖物品的重要日子。买与卖的物品相对来说比较多，需要各种装载工具，如背篼、箩筐、自行车等。因此，农村行人随身携带的物品较多。

6）散乱和拥挤

乡村集市具有散乱性、拥挤性、行人众多等特点。集市街道狭小、两旁摊位杂乱，又缺乏相应的规范与管理，行人在集市的街道上随意站、停、走、穿、插，具有很强的散乱性。另一方面，由于周边的农民在集市这一天同时集中在集市里，狭小的街道显得比较拥挤，而且农民具有好奇性、扎堆性，容易造成交通拥堵。

2. 农村行人交通行为分析与驾驶应对

农村行人由于年龄不同，在行走方式、穿插道路、等候时间、危险判断等方面都存在一些差异，而这些差异也体现出不同年龄的农村行人的一些普遍特征。对这些特性进行研究，有利于具体把握农村行人的状况。将农村行人分为三个年龄段：儿童行人、成年行人、老年行人，经过调查与研究发现，这三个年龄段的行人具有如下特征。

1）儿童行人

儿童特别容易发生交通事故，原因是他们缺乏安全意识，还没有完全掌握在道路上安全步行的技能。对儿童步行上学情况的研究表明，儿童行人特别是10岁以下的儿童，对交通规则只有一些片面的理解，他们的注意力也很容易分散，无法完全适应复杂交通环境。另外儿童对距离的判断力较弱，一般来讲，儿童对距离的判断不如成人准确，而且儿童对距离判断差异性比成年人大2倍。在危险的情况下，儿童大多数时候作出错误的决定。由于环境差异，农村儿童常表现出不同于城市儿童的一些特征，具体表现在以下几个方面。

（1）农村儿童安全意识较差。在城市里，由于儿童每天面对各种各样复杂的交通状况，因此无论是学校的老师还是家长都非常重视对儿童交通安全的教育，很多时候家长都会主动接送孩子。而在农村，对儿童的安全教育则重视不够，很多儿童的家长外出打工或者务农忙，很少有意识地对儿童进行交通安全教育，也很少见亲自接送孩子。另一方面，农村学校的老师也没有意识到交通安全教育的重要性。

（2）农村儿童行走的路程较远，潜在危险性更大。城市的学校距离儿童家较近，儿童可能很快回家，即使较远，儿童也可以通过乘坐公交车或者其他交通工具回家。而农村儿童则不一样，一般来说，学校离家较远，要通过较长时间的步行才能到家，因此危险几率增加。

（3）农村儿童常把道路作为游戏的场所。在农村，无论是上街还是上学，儿童在道路上嬉戏、打闹的现象比较普遍，滞留的时间很长，往往忽视路上的交通情况。

2）老年行人

老年行人与残疾行人的特征与儿童行人有很大区别。老年行人虽然认识到横穿道路存在危险，但他们的感觉和运动能力下降，无法确保在车辆间隙迅速横过道路。老年人视区和动态视力的衰退也可能引起对驶来车辆的知觉延误和对车速的判断不准。此外，老年人最明显的特征是步行速度下降，可能因为步行困难而去注意脚步，降低了知觉能力。老年人经常容易混淆交通信号，因此依据自身判断横穿道路就很容易发生事故。纵观农村老年行人，还具有如下几个方面的特征。

（1）很多农村老年人赶集无论路程长短，都喜欢步行，而不像城市里的老年人，喜欢乘坐交通车。由于步行的时间增加，危险概率就相应增加。

（2）农村老年行人很少注意周围的交通情况，一方面是由于其感觉与运动能力下降所致，另一方面是受长期以来的习惯与思维定式影响。

（3）很多农村老年人单独在道路上行走、赶集，子女陪伴的情况较少，而不像很多城市里的老年人，时常与子女在道路上结伴而行。

（4）在农村，很多老年人喜欢上集市喝茶、打牌、购物，而不像城市里的老年人待在家里或者在家附近活动，从而导致一天之中在路上的机会与时间均增加。

3）成年行人

相对于城市中的成年行人而言，农村成年行人主要有以下几个方面的特征。

（1）农村成年行人交通规则遵守的意识不强，往往表现为在道路上行走的方式、方向、姿态都比较随意，对于行人与车辆的相互关系理解不深，片面地认为应该是车让人，而不是人让车，极易发生事故。

（2）携带的物品较多。农村成年人在道路上行走时，往往携带各种各样的东西，比如货物、背篼、箩筐等，如图3-4所示。

图3-4　农村道路交通

（3）具有好奇、凑热闹的特点。农村行人在行走时如果发现路边发生趣事，总喜欢停留下来观看、议论，很短的时间内就会越聚大量的围观群众，往往造成交通堵塞。

三、农村道路安全驾驶应对策略

（1）乡村道路上的骑车人，为满足运输农产品需要，大多骑的是载重车，而且往往超重，行驶不稳，很容易因失去平衡而跌倒。尤其是骑车人为避让汽车而靠边行驶，因回旋余地较小，更容易跌倒。遇到这种情况，驾驶人要及早鸣喇叭，观察骑车人动态，如果自行车行驶平稳，则可与其保持较大的横向距离通过；如果自行车行驶不平稳，应制动减速，缓慢地从离自行车较远的地方通过。通过时要用眼睛余光和后视镜观察，一有突发情况立即停车。

（2）在公路上超越自行车时要警惕骑车人“路宽麻痹、路窄紧张”的心理，并注意被超自行车的前方道路上有无其他障碍物，无障碍方可超越。如果前方有障碍物，骑车人可能因听见汽车声音而回头张望，撞到前方障碍物而连人带车一起摔倒。为确保安全，教练员应指导学员提前做出综合分析，果断做出该不该超越的判断，然后在采取适当预防措施的前提下再超越。超越时不能靠得太近，临危时不能急打方向，否则易碰擦自行车而造成危险。一般情况下，教练员需要指导学员选择适当地点，减速留出足够的安全距离超越自行车。情况复杂、路面狭窄而自行车又无停车、下车相让迹象时，应该让骑车人超过障碍物之后再驾驶通过，千万不要冒险勉强交会或超越。

（3）在上、下坡驾驶车辆时要注意骑车人上坡绕行、下坡飞跑、刹车无效的特点。特别是在上坡弯道处，遇农村骑车人在车架上带着人或载着货，应注意避让。骑车人在下坡时车速快，冲力大，刹车不灵，遇到汽车不知所措，又不懂交通规则，很容易发生交通事故。教练员遇到这种情况时要集中注意力，指导学员沿车行道谨慎驾驶，不能随着自行车的行驶方向随意变换行驶路线避让，遇到紧急情况时应

制动停车，防止发生危险。

四、不同天气条件下防止与自行车碰撞的驾驶应对策略

（1）在雨雾天气行驶时，要注意驾车人和骑车人同样存在着视线不清的问题。若长时间在雨雾中开车，视线不清是最大的隐患，尤其是左右侧及后方的视野更为重要。驾驶人的视线好坏主要取决于风窗玻璃，除开启雨刮器外，也可以开启前照灯，以便骑车人能看清楚汽车的行驶轨迹。而雨雾天骑车人因穿着雨披、打着伞低头骑车，视线不清、听觉不灵，只顾骑车赶路，很少注意周围的交通情况。驾驶人遇到这种情况要有预见性，警惕骑车人横穿道路，左右摇晃，突然改变方向而撞在汽车上发生事故。应提前减速，在既定路线上谨慎行驶，时刻警惕自行车临近横穿或滑倒。

（2）在冰雪路面上行车时，要注意骑车人在冰雪路面易滑倒的特点。下雪以后道路冰冻，自行车很难骑行，易滑倒，很容易发生事故。教练员遇到这种情况，应指导学员减速行驶，密切关注前方骑车人动态，不能跟得太近，靠得太拢，以防骑车人滑倒而来不及避让发生意外。

车让车让出礼貌，车让人让出安全，人让车让出文明。综上所述，机动车驾驶人在行车中，应掌握不同路面、不同时间、不同天气条件下骑车人的规律及特点，采取正确的防范措施，有效地避免发生交通事故。

五、乡村道路上遇到推拉人力车时的驾驶应对策略

乡村道路有不少推拉人力车的行人。人力车有两轮平板车和独轮车两种。推拉两轮平板车，人力消耗较大，往往不易控制车速及行进方向。因此，驾驶汽车时，在可能情况下，应充分照顾推拉人力车的行人，与其保持一定的安全距离，以防刮碰。当人力车通过坑洼路段或上坡时，推车人较吃力，汽车驾驶人不要鸣喇叭，催其让路，更不

能与之争道，以免发生交通事故。独轮车的稳定性很差，若两侧载重不均匀，会失去平衡发生侧翻，而且独轮车全靠推车人的臂力支撑、推动，因而推车人劳动强度很大，驾驶人在行车中，应充分了解独轮车行驶特点，并保持较大的横向间距，以防碰撞。

六、乡村狭窄道路上的驾驶应对策略

乡村很多道路路面狭窄，车辆在狭窄道路上行驶时交会和超越非常困难，驾驶人必须谨慎驾驶。

1. 仔细观察路面情况

车辆在狭窄道路上行驶，驾驶人必须降低行驶速度，仔细观察路面情况及路旁土质坚硬程度，正确判断行驶路线，宁可在路中压沙堆、进水坑，也不能太靠近路基边缘，切勿将车轮驶出路基外。

2. 选择合适的挡位行驶

狭窄道路路面质量较差，阻力较大，路面弯多、弯急，为保证发动机有足够的动力顺利通过困难地段，不宜用高速挡行驶，而应及早换入低速挡行驶。

3. 低速行驶

无论何种车辆在狭窄道路上，一般最高车速不应超过20km/h。否则，不但操作时会手忙脚乱，而且容易驶出路面发生危险。因此，在狭窄道路上行驶应降低车速，随前车依次通过，非紧急任务和非特殊情况不要超车。应选择相对较宽处会车。

复　习　题

一、判断题

（　　）1. 在非机动车交通方式中，自行车交通占有重要的地位。

（　　）2.《道路交通安全法》规定电动自行车属于非机动车。

（　　）3. 无论何种形式的自行车，都是由人和自行车构成的人—机系统。

（　　）4. 由于自行车行驶的状态完全由骑车人进行调节和控制，个体差异很小。

（　　）5. 自行车的平稳运行取决于骑车人与自行车之间的相互平衡。

（　　）6. 自行车是相互平衡的交通工具，这是由“人—自行车系统”的形式和结构决定的。

（　　）7. 自行车在运行时蛇形轨迹的宽度与车速和骑车人有关。

（　　）8. 成年人骑自行车的速度越快，蛇形轨迹宽度越大。

（　　）9. 无论何种形式的自行车，都缺乏类似汽车、飞机、轮船等交通工具的驾驶室和座舱设备。

（　　）10. 无论何种自行车，都是一种无安全防护设备，靠自身防护的个人交通工具。

（　　）11. 单个自行车与单个机动车相比处于弱者地位，因此，骑车人会产生弱势心理。

（　　）12. 在横向距离一定的情况下，机动车的速度越大，骑车人的心理压力也越大。

（　　）13. 在人与自行车构成的人—机系统中，人是通过视觉、听觉、触觉、运动觉和平衡觉等器官来获取信息的。

（　　）14. 视觉和听觉主要获取道路、车辆、行人和环境状况等信息。

（　　）15. 骑车人在获取信息的同时，也伴随着一系列的生理心理过程。

（　　）16. 无论为何种目的选择骑自行车出行，省时、省力地到达目的地，是一种普遍的心理需要。

（　　）17. 在求快心理的作用下，快速、急追、抢超、猛拐、硬钻，不违反交通规则，是不会发生事故的。

（　　）18. 初学骑车者在畏惧心理的作用下，在紧急情况下容易惊慌失措，

失去正常的判断和控制能力。

( ) 19. 离散心理作用的结果，会扰乱正常的交通秩序，影响行人和机动车辆的正常行驶，容易引发交通事故。

( ) 20. 研究发现，从众心理一般受群体数量、意见一致性和是否符合规范的影响。

( ) 21. 天气异常对骑行者的心理没有影响。

( ) 22.《道路交通安全法》本着以人为本、限制强者、保护弱者的原则制定的条款对维护交通安全和秩序有着积极的意义。

( ) 23. 男青年一般骑行技术比较好，反应灵活，精力旺盛，好争强逞能。

( ) 24. 女性骑车速度较慢，行驶距离较短，平衡能力较差，容易摔倒，这都是其生理条件决定的。

( ) 25. 老年人听力减退，反应迟钝等生理因素，对来往的车辆判断不准，是造成交通事故多的重要原因。

( ) 26. 自行车交通事故所导致的伤亡中，以儿童、青少年居多，他们是自行车交通中的高危人群。

( ) 27. 行人交通是道路交通系统重要的组成部分，步行则是人们最基本的交通行为方式。

( ) 28. 有效地处理好行人交通问题，是减少交通堵塞和交通事故、保证交通安全的重要途径。

( ) 29. 行人过街的危险程度与过街人数无关。

( ) 30. 行人等待过街时间的长短取决于汽车交通量、道路宽度和行人的自身条件。

( ) 31. 行人随着等候过街时间的延长，冒险穿越的欲望和可能性也逐渐减小。

( ) 32. 男性行人过街时的步幅较女性步幅大，但步幅大小与速度快慢几乎无关。

( ) 33. 人行横道离行人期望穿越的地点越近，其利用率越高。

( ) 34. 儿童在上下学的路上行走、过街、玩耍，在广场上游戏，都有可能与汽车冲突而发生危险。

( ) 35. 实验证明，人的年龄与动视力成反比，年龄越大，动视力下降

率也越大。

(　　) 36. 失聪者由于听觉器官失去功能，对任何声音都无法感知，在行走时，外界的音响刺激不能促使其对车辆引起警觉，因此表现为置若罔闻。

(　　) 37. 行人、摩托车以及非机动车的违章行为是城市交通事故的直接原因。

(　　) 38. 通过路口或者横过道路，应当走人行横道或过街设施；有交通信号灯的人行横道，应当按照交通信号灯指示通行。

(　　) 39. 行人、驾驶人的交通安全意识普遍薄弱是城市交通事故的主观原因。

(　　) 40. 正确判断行人的动态，提前预测，提前准备，是保证教学安全、预防事故不可忽视的重要措施之一。

(　　) 41. 自行车事故是指骑车人或推自行车行走的人在道路上被机动车刮碰、擦轧或相撞而造成的人员伤亡和车辆损毁事故。

(　　) 42. 行人要走人行道，没有人行道的靠路边行走。

(　　) 43. 通过没有交通信号灯、人行横道的路口，或者在没有过街设施的路段横过道路，应当在确认安全后通过。

(　　) 44. 当路上车不多时，可以边骑车边聊天、听音乐或与同学赛车。

(　　) 45. 驾驶非机动车要严格遵守国家法律法规关于交通安全的规定，可以不遵守地方性法规、规章的规定。

(　　) 46. 非机动车登记种类由国务院统一规定。

(　　) 47. 在没有非机动车道的道路上，非机动车在车行道上的通行范围不受限制。

(　　) 48. 电动自行车在非机动车道内行驶时，最高时速不得超过20km/h。

(　　) 49. 非机动车是指：以人力或者畜力驱动，上道路行驶的交通工具，以及虽有动力驱动装置但设计最高时速、空车质量、外形尺寸符合有关国家标准的残疾人机动轮椅车、电动自行车等交通工具。

(　　) 50. 非机动车通过有交通信号灯控制的交叉路口，转弯的非机动车应当让直行的车辆、行人优先通行。

(　　) 51. 非机动车通过有交通信号灯控制的交叉路口，遇路口交通阻塞时，可以在绿灯情况下进入路口。

(　　) 52. 非机动车通过有交通信号灯控制的交叉路口，向左转弯时，应当靠路口中心的右侧转弯。

（　　）53. 非机动车遇停止信号时，应当将车停在停车线后。

（　　）54. 向右转弯的非机动车遇车道内车辆等候通行时，可以从机动车道绕行。

（　　）55. 非机动车通过没有交通信号灯控制或者没有交通警察指挥的交叉路口，有交通标志、标线控制的，让优先通行的一方先行。

（　　）56. 非机动车通过没有交通信号灯和交通标志、交通标线控制或者没有交通警察指挥的交叉路口，应当在路口外慢行或者停车瞭望，让右方道路的来车先行。

（　　）57. 非机动车应当在规定地点停放。未设停放地点的，非机动车停放不得妨碍其他车辆和行人通行。

（　　）58.《道路交通安全法》规定，“在没有划分中心线和机动车道与非机动车道的道路上，机动车在中间行驶，非机动车靠右边行驶”。

（　　）59. 自行车、三轮车可以安装机械动力装置。

（　　）60. 骑自行车遇有黄灯亮时，已经越过停止线的可以继续通行。

（　　）61. 驾驶自行车、电动自行车、三轮车横过机动车道的，应当下车推行。

（　　）62. 驾驶自行车超越前车时不得妨碍被超越的车辆行驶。

（　　）63. 驾驶电动自行车必须年满 15 周岁。

（　　）64. 驾驶自行车时可以攀扶其他车辆节省体力。

（　　）65. 行人在道路上通行，可以 3 人以上并行。

二、单项选择题

1. 非机动车包括：（　　）。

①轮式机械车　　②电动自行车　　③轻便摩托车

2. 骑车人在接收信息的同时，也伴随着一系列的生理心理过程，其心理作用过程主要反映在大脑机能上，是一个（　　）的过程。

①感知—判断—反应

②判断—感知—反应

③反应—判断—感知

3. 最安全的过街方式是（　　）

①从机动车道横穿

②走斑马线

③走人行天桥

4. 行人安全横过道路的方法是（　　）

①一慢二看三通过

②快速跑过

③眼睛只看来车方向

5. 自行车经过斑马线或横过机动车道应当（　　）。

①下车推行　　②正常骑行　　③快速骑行

6. 电动自行车的行驶速度不得超过（　　）。

① 15km/h　　② 20km/h　　③ 30km/h

7. 驾驶电动自行车必须年满（　　）

① 12 岁　　② 14 岁　　③ 16 岁

8. 行人或骑车人遇到信号灯和交通民警手势信号不一致时，应当（　　）。

①根据信号灯通行

②根据民警手势信号通行

9. 道路交通安全法对骑自行车、三轮车的年龄规定是（　　）。

①年满 8 周岁　　②年满 10 周岁　　③年满 12 周岁

10. 行人列队在道路上通行时，每横列不超过（　　）。

① 2 人　　② 3 人　　③ 4 人

11. 电动自行车属于（　　）。

①非机动车　　②机动车　　③人力车

12. 电动自行车允许通行的范围是（　　）。

①机动车道　　②非机动车道　　③人行道

13. 行人、非机动车驾驶人违反交通法规，可以处（　　）。

①警告　　②200 元以下罚款　　③50 元以下罚款

14. 未满（　　）的儿童，不能像大人一样到马路上骑自行车，因为马路上车很多，容易出危险。

① 10 岁　　② 11 岁　　③ 12 岁

15. 骑自行车时，千万不要与（　　）抢道，不要双手离开车把骑车。

①机动车　　②自行车　　③行人

16. 行人在道路上行走，必须走人行道，没有人行道的，应该(　　)。

①靠右边走　　　　　②自由行走　　　　　③靠边行走

17. 过马路时遇黄色的信号灯闪烁，应该（　　）。

①加快脚步跑过马路

②立即停下脚步

③立即停下脚步并退回安全线以内

18. 走到马路中间时，有一辆车开了过来，应该（　　）。

①赶紧往回跑

②赶紧冲过马路

③站在马路中间的横线上让车辆通过

19. 在路上，很多小学生都带着黄颜色的帽子，这样做的原因是(　　)。

①黄色的帽子好看

②是校服、必须戴

③醒目，更容易被驾驶人发现

20. 下列做法中，违背交通安全常识的是（　　）。

①行人过道路先看左后看右

②行人横过道路时，要走人行横道线

③行人在路沿或隔离墩上蹲坐

21. 为了盲人步行方便与安全，盲道一般设在（　　）。

①人行道左侧　　　　②人行道右侧　　　　③人行道中央

22. 非机动车走快车道，行人不走人行道所发生的交通事故属（　　）。

①疏忽大意

②驾驶不当

③违反规定

23. 自行车属于（　　）车辆。

①机动车　　　　　②轮式专用机械车　　③非机动车

24. 城市交通情境的客体要素是（　　）。

①驾驶人　　　　　②行人　　　　　　③道路

25. 城市交通情境的主体要素是（　　）。

①驾驶人和行人　　②建筑物　　　　　③道路

26. 在社区道路行车，遇到前方有儿童突然出现时，教练员应及时提示学员（　　）。

①减速，必要时停车避让

②鸣喇叭示意，正常通过

③加速，从左侧通过

27. 非下肢残疾的人不得驾驶（　　）。

①电动助力车

②残疾人机动轮椅车

③轮式专用机械车

28. 当车辆遇在人行道上玩耍的儿童时，教练员应提示学员（　　）。

①减速，必要时停车避让

②鸣喇叭示意，正常通过

③加速通过该区域

29. 以下不是男性骑行心理特征的是（　　）。

①反应灵活　　②精力旺盛　　③平衡能力差

30. 以下是老年人骑行心理特征的是（　　）。

①反应迟钝　　②精力旺盛　　③好争强逞能

31. 在社区或学校附近道路行车，遇到一个足球从路侧滚入路中时，教练员应及时提示学员（　　）。

①加速，从足球后面绕过

②会有儿童随后追赶足球

③追赶足球的儿童会在路边等待

32. 车辆经过有积水和行人的路段时，教练员应提示学员（　　）。

①加速通过　　②减速慢行　　③正常通过

33. 行车中遇前方盲人横穿道路时，教练员应及时提示学员（　　）。

①减速，观察其动态，必要时停车让行

②鸣喇叭示意其让行

③加速，从盲人身后通过

34. 夜间在照明条件较差的道路上行驶，遇右前方有行人，而对向来车灯光造成炫目时，教练员应提示学员（　　）。

①打开远光灯，继续行驶

②减速，必要时停车

③加速，尽快驶出炫目区

35. 以下不是少年骑行心理特征的有（　　）。

①判断能力不足

②对危险的感受差

③胆小、害怕出事故

36. 对行人过街的危险程度的描述正确的是（　　）。

①行人过街的危险程度与过街人数有关

②人行横道上人多，容易引起驾驶人的注意，故安全程度小

③人行横道上人少，驾驶人容易疏忽大意，危险程度小

37. 在人、车、路、环境等要素构成的复杂动态交通系统中，（　　）是交通活动的主体。

①人　　②车　　③路

38. 行人在道路上行走，必须走人行道，行人在没有人行道的道路上行走，应当靠（　　）行走。

①左边　　②右边　　③中心线

39. 2009 年浙江省农村公路事故比例约占（　　）。

① 1/3　　② 1/4　　③ 1/5

40. 不同情境下的自行车事故类型存在差异，不是自行车交通事故主要类型的是（　　）。

①自行车左转弯引起的交通事故

②汽车转弯引起的交通事故

③自行车摔倒事故

41. 遇前方儿童过人行横道时，教练员应及时提示学员，儿童（　　）。

①能够正确估计车辆速度

②能够正确估计安全距离

③不注意观察过往车辆

42. 遇到精神失常的人，教练员应本着人道主义精神，及时提示学员(　　)。

①低速缓绕而行

②恫吓或用武力驱赶

③必要时，可协助有关人员将其收容

43. 红灯亮时，自行车应该停在（　　）。

①停止线后　　②人行横道内　　③人行道上

44. 图中标志为（　　）标志。

（黄底、黑边、黑图案）

①注意儿童
②人行横道
③学校

45. 图中标志为（　　）标志。

（蓝底、白三角、黑图案）

①人行横道
②步行街
③注意行人

46. 图中标志为（　　）标志。

（白底、红边、黑图案）

①禁止非机动车通行
②禁止自行车停车
③禁止自行车通行

47. 图中标志为（　　）标志。

（蓝底、白图案）

①非机动车道　　②自行车道　　③人力车道

三、多项选择题

1. 骑车人与自行车的平衡形式一般有（　　）。

①中倾平衡状态　　②内倾平衡状态　　③外倾平衡状态

2. 残疾人机动轮椅车、电动自行车等交通工具设计（　　）应符合有关国家标准。

①最高时速　　②空车质量　　③外形尺寸

3. 视觉和听觉主要接收（　　）和环境状况等信息。

①道路　　②车辆　　③行人

4. 在人与自行车构成的人—机系统中，人是通过（　　）和平衡觉等器官来获取信息的。

①视觉　　②听觉　　③触觉

5. 非机动车主要是指（　　）。

①自行车　　②人力三轮车　　③兽力车

6. 行人个体步行者的两个最基本的参数是（　　）。

①步行幅度　　②步行速度　　③步行高度

7. 单人穿越街道的表现形式有（　　）。

①待机过街　　②抢行过街　　③适时过街

8. 行人过街行为的表现的类型是（　　）。

①正常型　　②中途停驻型　　③不稳定型

9. 步行的一般心理有（　　）。

①盲目的侥幸心理　　②从众心理　　③贪图个人便利

10. 交通安全意识就是对交通安全的认识和评价，其外延包括（　　）。

①大众意识　　②自尊自爱意识　　③遵章守法意识

11. 不同情境下的自行车事故类型存在差异，主要类型有（　　）。

①汽车从支路穿出引起的交通事故

②自行车左转弯引起的交通事故

③汽车转弯引起的交通事故

12. 行人横过道路时，不安全行为有（　　）。

①跨越护栏　　②突然加速　　③突然折返

13. 影响交通安全的行为有（　　）。

①在车行道里坐卧、停留、嬉闹

②在道路上使用滑板、旱冰鞋等工具

③追车、抛物、在路口散发小卡或其他影响交通安全的行为

14. 行人、自行车经过信号灯路口时，遇到绿灯闪烁应该（　）。

①已走上斑马线的继续前行

②未走上斑马线的停止或折返

③在斑马线上行走的加快速度通过

15. 行人不得通行的道路有（　）。

①高速公路　②高架道路　③全封闭机动车专用道路

16. 过马路应当由监护人或负有管理、保护职责的人带领的是（　）。

①学龄前儿童

②不能辨认或不能控制自己行为的人

③智力残障者

17. 骑自行车、三轮车、电动自行车、残疾人机动轮椅车（　）。

①不得醉酒驾驶

②转弯前应当减速慢行并伸手示意

③不得双手离开车把或者手中持物

18. 电动自行车不得通过的路段有（　）。

①立交桥　②隧道　③限行路段

19. 行人、非机动车驾驶人阻碍交通警察依法执行公务的，处以（　）。

①警告

②200 元以下罚款

③情节严重的，处 5 ~ 10 日拘留，可以并处 500 元以下处罚

20. 城市道路的组成部分有（　）。

①车行道　②路侧带　③分隔带

21. 路侧带包括（　）。

①人行道　②公用设施带　③绿化带

22. 自行车出行前，必须做的准备工作有（　）。

①戴上防护用具头盔

②确保制动系统完好

③车铃完好

23. 行人等待过街时间的长短取决于（　　）。

①汽车交通量　　②道路宽度　　③行人的自身条件

24. 自行车在行驶过程中的特点（　　）。

①逢友必并　　②逢慢必超　　③逢物必绕

25. 在市区车辆被堵后起步时，应做到（　　）。

①观察左右两边后视镜，监视两边自行车动态

②确认安全方可起步

③宁停三分，不抢一秒

26. 在驾驶操作训练中，靠近儿童行驶时，教练员应提示学员，儿童(　　)。

①能够迅速准确的作出反应

②可能行为无常

③可能对周边交通环境关注较少

27. 在社区内两侧停满汽车的混合交通道路上行驶，教练员应提示学员，可能会有（　　）。

①儿童或宠物从车辆间突然跑出

②停靠的汽车突然打开车门

③儿童冲入路中玩耍

28. 一般情况下，儿童参与道路交通时的危险因素包括（　　）。

①好动，行为无常

②身材矮小，容易落入盲区

③对车速和距离的判断能力差

29. 遇到老年人横穿道路时，教练员应提示学员，老年人（　　）。

①一般行动迟缓

②可能突然在车道上停下来

③一般会快速穿过道路

30. 老年人参与道路交通的危险因素包括（　　）。

①视力与听力可能较差

②可能反应迟钝，行动缓慢

③反应迅速

第四章　交通事故的常见因素与防范

第一节　引发交通事故的生理心理因素

大量的交通事故原因分析表明，交通活动参与者，尤其是汽车驾驶人的个性心理活动是影响安全行车的重要因素，因此，进行生理心理常识的宣传、普及与教育，对从生理心理上预防交通事故的发生具有重要的现实意义。

一、交通信息分析与处理

信息分析，是指将外界信息通过大脑进行综合分析，概括出事物活动的正确结论。驾驶人在行车中，随时都要关注车内外环境的变化，时刻都在进行心理活动。车内外的各种信息，经驾驶人的视觉、听觉、触觉等感觉器官，通过神经传到大脑中枢，经过大脑的综合、分析、判断、推理，最后作出决策，再由神经传到运动器官，指挥手、脚操纵汽车行驶。当手、脚的操作效果与驾驶人的意志产生偏差时，感觉器官又通过神经将这种误差的新信息输送到大脑中枢，这种机能称为反馈。驾驶人就是通过反馈来不断地修正误差，使车辆按照驾驶人的主观意志行驶的。

驾驶人获取外界的信息主要有以下 5 种：

1. 早期信息

早期信息是指车辆在行驶过程中，在安全区域以外就显露出来而且驾驶人有充分时间进行处理的信息。驾驶人对于早期信息，可从容地采取处理措施，防止发生事故。但若思想麻痹，也可能发生交通事故。例如，两个小孩在离汽车较远的公路上追跑，驾驶人未采取措施而发生碰撞事故，就是由于驾驶人思想麻痹、措施不当所致。

2. 预见信息

预见信息是指预测另一个信息出现的信息。驾驶人要抓住预见信息的特征，预测可能出现的险情，采取果断的驾驶措施去预防事故。例如，车前突然滚出一个皮球，预示着可能会有追球的小孩从球滚出的一边跑出来。

3. 突显信息

突显信息是指车前突然出现危险情景所显示出来的信息。这种信息来得很突然，驾驶人要在极短时间内判断突显信息的方位及发展趋势，采取果断的驾驶避险措施，才能达到紧急避险的目的。例如，自行车突然抢在汽车前面转弯；行人突然横穿道路。

交通环境中的突显信息往往是事故发生前一瞬间的征兆，给驾驶人提醒与警告。驾驶人对突显信息的处理，是防止事故发生的关键。

处理突显信息的关键，是驾驶人具有迅速正确判断信息、敏捷无误处理信息的应变能力。例如，驾驶人获得有小孩横穿道路拣球这一突显信息之后，应变方式有 3 种：第 1 种是打转向盘从小孩的前方绕行；第 2 种是打转向盘，从小孩的后方绕行；第 3 种是抓住“有球滚出”的信息征兆，减速慢行，做好随时停车的准备。很显然，前两种应变方式难免发生事故，第 3 种却可以消除撞到小孩的可能，还可以避免可能发生的与对向车相撞擦、驶出路肩或碰擦其他障碍物的事故。由此可见，不同的应变方式，反映了驾驶人的应变能力，影响了驾驶的安全程度。

4. 微弱信息

微弱信息是指行车道上对驾驶人刺激度较小的信息。例如，公路上的挖沟、路面上的陷坑、夜间身穿深色衣服行人等，都属于微弱的隐蔽信息，不易引起驾驶人的注意，因而很难作出正确的判断，采取有效的措施。

5. 潜伏信息

潜伏信息是指不易发觉但潜伏危险征兆的信息，它具有一定的隐蔽性，行车中一般不容易发现。例如，下雨天路面附着系数降低，便会构成发生事故的潜伏因素；车辆涉水后，制动蹄片受潮会影响制动效能等，都属于潜伏信息。对于潜伏信息，驾驶人要特别认真对待，尽量及早发现，防患于未然。

二、交通环境干扰的预防

交通环境对行车安全有重要影响。驾驶人必须了解和把握不同交通环境的特点，具备适应各种环境条件的能力，才能做到安全行车。

道路交通环境中干扰非常复杂，主要包括视觉干扰、听觉干扰和突发事件干扰。

1. 视觉干扰

视觉是驾驶人获取交通信息的主要途径。依靠视觉，驾驶人可获得80%以上的信息。驾驶人的大脑对这些信息加以处理以后，感觉中枢下达“指令”作出反应，运动中枢支配手脚正确地驾驶车辆。但在交通信息增加、新异信息出现、空气透视不良、灯光干扰时，会引起驾驶人的视觉干扰，尤其在复杂的交通环境中，噪声、振动严重的路段，视觉干扰更加明显。驾驶人的视觉受到干扰，便难以观察收集交通信息，即使获得少量信息也易失真，容易导致驾驶操作失误。因此，在驾驶过程中遇到视觉干扰时，一般要适时采取减速慢行、开灯照明、显示车位、保持驾驶室玻璃与后视镜的清晰度或停驶察看等措施，切不可盲目驾驶，确保行车安全。

2. 听觉干扰

听觉是驾驶人感知交通信息的重要渠道。在复杂的交通环境中，较强的噪声容易造成听觉的干扰。驾驶人受到听觉干扰时，会影响收集和分析交通信息，导致驾驶操作失误。所以，驾驶人在外界较强噪声的条件下行车时，要关闭车窗，及时控制车速，细心观察交通状态，注意交通标志信号，以弥补听觉收集交通信息的不足。需要指出的是，有些驾驶人常在车内播放强劲或者音量过大的音乐，也会干扰听觉，影响了对外信息的感知。

3. 突发事件的干扰

道路交通的突发事件，是指意外发生或瞬间突然发生在交通环境中的一些特殊情况，其干扰强度较大，影响范围广，常使驾驶人只有条件反射性，没有主观决策，更谈不上正确的驾驶操作，因而常会防不胜防，发生交通事故。所以，驾驶人要有高度的安全意识和责任感，在行车过程中，做到思想重视。驾驶谨慎，车辆控制上留有充分的安全余地，以减少或避免因突发事件干扰而产生严重后果。

三、生理心理因素干扰的预防与教学

一般我们提到行车安全，就会和驾驶人的驾驶技术或遵守交通法规联系起来，却往往忽略驾驶人的心理，其实它在一定程度上也会直接影响驾驶人的安全意识。行车时，驾驶人的心理健康也是保证行车安全的重要前提。因为驾驶人在行车的过程中，要根据各种环境信息来操纵汽车，其中常常会碰到一些复杂的危险场面，这时自身心理表现显得特别突出。所以，不同心理状态的人操纵汽车，会对交通安全造成重要影响。

容易导致交通事故的心理状态有侥幸心理、逆反心理、消极心理、恐惧心理、兴奋心理与利弊心理。这些异常心理，对驾驶操作的干扰很大，很容易导致交通事故的发生。

1. 侥幸心理

侥幸是由于偶然的原因而得到成功或免去灾害，它是人们的行为中极不保险、不安全的表现。驾驶本身就是一项技术性强、责任心大、注意力高度集中的工作，这就是驾驶人们常说的“手握生命线，脚踏鬼门关”，每个驾驶人都不能有丝毫的侥幸心理。然而，交管人员在处

理交通事故时常听到肇事驾驶人供述“我以为这条路可以通过”、“没想到突然拐出辆自行车来”等。从事故案例中不难看出，驾驶人的侥幸心理多出现在超速行驶、视野较好、酒后驾驶等情况下。尤其是一些驾龄短的驾驶人，有一股“初生牛犊不怕虎”的精神，如再存在侥幸心理就尤其危险，因此驾驶人应该增强交通安全意识，克服种种潜在的侥幸心理。所谓“交通安全无侥幸，平平安安才是真”就是这个道理。

2. 逆反心理

在我们日常生活中，当用一定的准则和规范对人们的行为进行引导、控制或对偏离行为进行纠正、限制时，有的人就会从心底产生出一种内在的反向力，并在心理上构成障区，形成一种对抗情绪。这种逆向思维和反抗情绪，就是逆反心理。

在众多的交通违章驾驶人中，交通法治意识比较淡薄，任凭自己的主观意志驾车，有法不依、知法违法的现象比较严重，缺乏用交通法规规范自己行为的自觉性。一旦被交通管理人员查获，不是虚心接受交通安全教育、反省自己，而是错误地产生逆反心理，并在逆反心理支配下故意违章，以求达到所谓的心理平衡。

3. 恐惧心理

恐惧心理是驾驶人面对实际或想象中的危险时所表现出的情感。这种心理往往使驾驶人的手和眼不能敏捷精巧地配合，难以做到眼明手快，驾驶操作容易失误，也易发生交通事故。

驾驶人在行车过程中表现出比较严重的恐惧心理有：空虚心理、担心心理、畏惧心理。

4. 兴奋心理

兴奋心理和恐惧心理刚好相反，俗话说“人逢喜事精神爽”，人在工作生活中遇到顺心意的事情，往往产生兴奋心理，而且这种心理会像烟雾一样弥漫。兴奋心理有时会使人的行为表现得特别的异常，在驾驶车辆中往往精力充沛，这是有利于安全行驶的。但从另一方面说，兴奋心理有时也会造成不良的效应，致使驾驶人的视野变窄，理智分析能力受到抑制，行为控制能力减弱，从而影响到驾驶的观察、判断和操作，甚至会发生交通事故。

5. 异常心理

异常心理是车辆驾驶安全的大敌，也是发生事故的祸根，由驾驶人异常心理造成的交通事故约占交通事故总数70%左右。

常见的异常心理主要包括：自满心理、麻痹心理、紧张心理和急躁心理。

驾驶人所产生的一切异常心理都会直接影响行车安全，必须抑制和消除。驾驶人要不断加强自身的修养，加强理智培养，规范个性心理，调节稳定好自己的情绪，确保行车安全。

6. 利弊心理

驾驶人在遇到事关利益的情况时，迅速权衡利弊，采取相应措施的心理，称为利弊心理。正确的利弊心理能够在权衡利弊时遵纪守法，顾全大局，并采取有效措施以确保行车安全。不正确的利弊心理对行车安全不利，举例如下。

1）犹豫不定的心理

在交通险情出现时，驾驶人可以采取多种措施。例如，在正常行驶的车辆前突然出现行人，此时，驾驶人可以通过鸣喇叭、踩制动踏板减速停车、打转向盘躲让等手段来化险为夷。但究竟采取何种措施，有些驾驶人却会犹豫不定，既想制动停车，又想打转向盘躲让，在躲让中又想制动停车，其处置措施选择时反复动摇，造成决策失误而发生车祸。事实证明，驾驶人在紧急情况下，决策时机哪怕提早一点点时间，就有可能避免交通事故。

2）怕担风险的心理

有些驾驶人在驾车行驶中总是怕自己的车辆出事故，常常不顾其他车辆的安危而占道行驶，车速随意变化，或者在事故发生后，破坏

现场，然后逃之夭夭，以上都是怕担风险不负责任的心理状态，驾驶人应克服这样的心理状态。

3）“完美”的心理

许多决策都存在着利和弊两个方面的因素，正确的决策利大于弊，错误的决策弊大于利。驾驶人在行车中的决策也是如此。高速驾驶可以提高运输效益，但是一旦遇到险情，车辆不易控制，容易肇事；低速行车虽利于驾驶人判断处理危险状态，但运输效率低。所以，驾驶人只能“两利相权取于重，两害相权取于轻”，不可能有“完美之策”。即使在处理险情时，也要区分主次、轻重。

7. 预防途径

从驾驶人以上的异常心理分析来看，驾驶人的心理健康是一个非常重要的问题，它直接影响到行车的安全，就要求驾驶人的情绪、意志、性格、品质、观察思维、反应能力均处于健康状态，也是驾驶人为完成驾驶任务而必须具备的心理特征。

为有效预防事故的发生，熟练掌握驾驶技能是前提，调整并控制好驾驶人个性心理情绪也是重要一环。针对上述情况，作为驾校和教练员在教学过程中应积极采取措施，使学员从学车第一天起就做好预防工作。

（1）从教学管理角度出发，驾驶培训学校是学员掌握转向盘驶向道路的第一道关口，在日常的教学中应加强对学员心理上的培训和教育，要在理论课上专门设一个课目，解读心理学的相关知识，并用事故案例和法律法规教育学员，从而提高他们的心理素质和对意外事件的心理承受能力。

（2）教练员要理论联系实际。教练员在对学员进行驾驶技能教学前，应先结合自身的实践对驾驶学员进行相应的理论知识及法律法规教育。同时结合学员所关心的相关技能教学，用理论知识去指导实际操作，让学员在实际操作中，把理论转化为技能。

（3）教练员要按照学员心理特征因材施教。在汽车驾驶技能形成过程中，学员各自的心理特征不一样，其对技能形成的影响也较大。因此，教练员除按一般教学规律进行训练外，还应针对学员的不同心理特征而因人施教，充分发挥学员个人的优点和特长，切不可拘泥于一种模式，这样才能收到良好的教学效果。

（4）逐步培养学员良好的心理素质。学员心理活动会影响其汽车驾驶技能的形成，不仅影响训练进度，还影响学员独立驾驶后的安全行车。因而在技能形成教学中培养学员的良好心理素质，是教学质量评价的重要指标之一，应引起教练员高度重视。在教学过程中要创造一个良好的教学环境，坚持以教育为主，以情感人，以理服人，要充分调动和发挥学员的主观能动性，激发学员积极思维，将被动教学转化为主动掌握，提高教学效果。

（5）教练员应努力提高自身修养。作为教练员，要认真学习有关法律法规，做到遵纪守法，处事沉着，在教学过程中要结合学员的生理心理特点和训练态度，有针对性地进行教学，既要尊重学员技能形成的客观规律，又要兼顾教学客观规律，力求做到从简到繁、从易到难、由浅入深、循序渐进、区别对待，保持教学工作稳步地向前发展，使学员的驾驶技能顺利形成。

（6）教练员自身学会心理的培养。在培养学员良好生理心理素质的同时，教练员也应注意自身心理的调节。有人说："教师的职业是太阳底下最光辉的职业。"这句话更适合教练员的职业特点，整日在太阳底下辛勤工作，面对的是一批批新的学员，辛苦自不用说。所以，教练员在汽车驾驶技能形成的训练过程中，既要发挥教练员的主导作用，做好表率作用，又要充分发挥学员的主体（主观能动性）作用，有效指导学员尽快掌握驾驶技能，这就需要教练员具有良好的心理。

①要认清教育对象是学员。教练员的劳动对象是"教"的客体，又是"学员"的主体，具有双重性。学员的心理活动会影响学员技能形成的训练进度与质量，教练员的心理也会影响到其技能正确的传授。例如：教练员情绪不好时，容易随意训斥学员，使学员难以承受，影

响技能教学效果；教练员心态把握不准，任学员自由操作，缺乏师生间沟通，也会影响学员的技能掌握进度；教练员注意力不集中，还会影响教学安全等。

②教练员应学会自我调节。教练员在教学工作中都要受环境（工作、生活）、身体条件、情绪等影响，所以应当学会运用心理知识去调节自己，学会调整自我心理。心情不愉快时，不要对学员发火，不能凭性子教学，更不能以教练员本人水平标准去衡量学员操作水平，要保持良好的心态去处理教学矛盾。

③把心理学知识运用到技能训练中去。在汽车驾驶技能训练中，学员的各种心理现象都会在不同时期、不同学员身上表现出来。作为教练员，应充分发挥教练员的特长，把心理学知识运用到教学的整个过程中去，遵循教学规律，掌握技能发展规律，了解学员各种心理状态，因势利导、因材施教，做到教学有的放矢，使学员的汽车驾驶技能训练水平上升到一个新的高度。同时应注重运用学员心理去指导安全行车，这样其教育心理学的效果就会得到广泛关注，安全行车心理学的研究就会得到社会重视，道路交通事故就会得到进一步控制。

第二节　疲劳驾驶的危害与防范

一、疲劳的含义及特征

疲劳是指由于体力或脑力活动使人产生的生理机能和心理功能降低、活动效率下降的现象。驾驶疲劳是指驾驶人在行车中，由于驾驶作业使生理或心理上发生某种变化，而在客观上出现驾驶机能低落的现象。它是驾驶人每天驾车超过8h或连续驾车超过4h，或者从事其他劳动体力消耗过大或睡眠不足，导致在行车中困倦瞌睡、四肢无力、不能及时发现和准确处理路面交通情况的违章行为。据有关资料统计，疲劳驾驶是引发重大交通事故的主要因素之一。

疲劳一般可以分为两种：急性疲劳和慢性疲劳。急性疲劳是因长时间连续驾驶而发生的一时性疲劳，也叫暂时疲劳。对这种疲劳，驾驶人从主观感觉得到，所以容易引起注意，只要停车作短时间的休息，疲劳即可消除。慢性疲劳是因连日劳累，得不到很好的休息，逐渐累积形成的疲劳。慢性疲劳需要长时间的休息，才能得到恢复。在驾驶工作中，慢性疲劳的危害性最大。因为慢性疲劳是累积形成的，所以不易被驾驶人注意。如一位驾驶人因打扑克通宵未眠，第二天早上出车时凉风一吹，感到倦意全无（实际上早已疲惫不堪了），在热闹繁华的路段还能打起精神，勉强应付，一到刺激单一的高速公路，驾驶人就容易进入瞌睡状态，从而酿成交通事故。

疲劳主要有以下特征。

1. 生理症状

疲劳产生的开始，只是从事劳动的那一组肌肉感到疲倦，如果继续下去，疲劳就会四周蔓延，从而使全身感到不适，进一步发展则感到周身酸痛，精神恍惚。驾驶人产生疲劳后，生理机能下降，随之出现一些症状，如头重、心跳加快、脉搏加速、手脚酸痛、气喘、胸闷、口渴、食欲不振、打哈欠、频繁眨眼、表情变化少、眼睛发红发干、视觉模糊、耳内轰鸣、感觉烦躁恍惚、分辨不清方位等。

2. 心理症状

驾驶人产生疲劳后，心理状态也会发生各种各样的变化。如疲劳后引起视力下降、注意力分散、视野逐渐变窄、漏看错看信息的情况增多，反应迟钝、判断迟缓、动作僵硬、节律失调、思维能力下降、头脑糊涂、忘记操作规范，精神不振、郁闷嗜睡、自我控制能力减退，容易激动、心情烦躁或加快车速等。

3. 自觉症状

自觉症状，主要是驾驶人自己感觉到的生理现象与特征。疲劳时，驾驶人的自觉症状主要表现为：头脑不清醒，困倦无力，睡意难除；

四肢酸痛，大脑的指令与手脚的动作之间失去协调，头脑的感觉是“轻飘飘”的；意识似乎是清楚的，想干什么或外界发生什么事，应该采取什么措施，心理很清楚，但就是手脚不听使唤。

4. 他觉症状

他觉症状是指在一个人处于疲劳状态时，别人会发现许多明显的症状。典型的他觉症状有：打瞌睡，一个接一个地打哈欠；说话迟缓，前言不搭后语；反应迟钝，行动犹豫等等。如果驾驶人处于疲劳状态，老练的同行会发现该驾驶人操作车辆的动作准确率明显下降，甚至有较大的操作失误。

5. 精神症状

疲劳会导致驾驶人心情急躁、精神不振、郁闷、爱发火等。

二、疲劳驾驶的表现

疲劳状态是一种不定量的状态，在不同时间、不同个体、不同情境下，疲劳产生的程度也不同。所以在驾驶人身上，疲劳状态的发生从弱到强可能有不同的变化。疲劳状态产生以后，驾驶人的心理表现形式，可以通过驾驶人的自我感觉或主观体验来反映，概括起来主要有以下几种。

1. 无力感

驾驶人感到体力减弱、操作无力，转向、换挡等操作主动性下降。

2. 注意功能失调

疲劳会引起注意稳定性下降，注意力分散，接收外界信息迟缓，视野逐渐变窄，漏看、错看信息的情况增多。

3. 知觉功能减退

感觉器官的功能会由于驾驶疲劳而发生衰退或紊乱，主要表现为视觉模糊、听力下降，甚至产生幻觉。

4. 操作技能下降

换挡不灵活，动作不协调，加速踏板操作不平稳。

5. 记忆、思维能力变差

头脑不清醒，对外界事物思维判断力下降。在过度疲劳时，往往忘记操作程序，如转弯时忘记开转向灯、不观察车侧及车后情况等。

6. 困倦瞌睡

头脑昏沉、困倦、闭眼时间延长甚至打瞌睡。如果极度疲劳，则会出现“之”字形行车、汽车驶离车道等现象。大部分驾驶人是能够知道自己已经疲劳了，许多人会采取一些有效的措施。根据一项调查显示，在疲劳产生时有68%的驾驶人会开车窗、开空调，有57%的驾驶人会停下来休息一会或下车散散步，有30%驾驶人会听音乐，25%驾驶人会与客人讲话，14%驾驶人用咖啡来维持注意力。这些措施在一般情况下是有效的，但是对于那些已经过度疲劳的驾驶人就可能不那么有效了。

三、疲劳对行车安全的影响

随着汽车保有量的增加，人们的出行更加频繁，人、车、路之间的矛盾也更为突出。驾驶人在行车过程中，与其他车辆、行人会发生数不清的矛盾，这些矛盾需要驾驶人及时发现，迅速判断，合理操作，才能确保行车的顺利和安全。这就需要驾驶人精力旺盛，注意力集中，不能有丝毫的疏忽。而疲劳驾驶恰恰相反，不管是生理原因产生的疲劳还是心理原因产生的疲劳或者两者相结合产生的疲劳，都会使驾驶人体力下降，注意力不集中，判断不准确，操作不当，最终可能引起不能及时发现危险情况，延误避让措施的采取，发生交通事故。一旦驾驶人困倦瞌睡，车辆失去控制，将对本人及他人的人身和财产安全带来很大的损失。

疲劳驾驶产生的事故往往比较严重。这可能是因为车速过快，驾

驶人不能及时回避可能出现的事故；有的事故产生是因为驾驶人没有作出必要的反应，甚至没有制动。典型的睡眠不足所导致的交通事故，主要表现为：正面相撞；汽车冲出路面；撞上汽车与物体前没有紧急制动的痕迹。经调查发现，睡眠不足所导致交通事故产生的死亡比其他交通事故高出50%。

驾驶疲劳对行车安全的具体影响如下：

1. 疲劳后驾驶的简单反应时间增加

疲劳后的简单反应时间，比疲劳前增加了0.1s左右。如果车辆速度为50km/h，则停车距离至少要增加1.4m。

2. 疲劳后驾驶的复杂反应时间显著增加

驾驶人在行车过程中所遇到的多数情况是复杂反应（既有车辆，又有行人、信号等），对复杂情况的反应比对单一情况的反应要困难得多。驾驶人疲劳后，复杂反应时间有明显的增加，有的甚至增加两倍以上。

3. 疲劳后驾驶人的感知能力明显下降

有人用驾驶人疲劳前后对交通标志的识别做试验，证明了驾驶人疲劳后感知能力下降的事实。在未疲劳时，对全部标志都能识别的驾驶人，疲劳后约漏看30%，识别时间要比正常时间多两倍。

4. 疲劳后驾驶人的判断失误和驾驶错误增多

判断失误多为对道路的畅通情况、对潜在事故的可能性及应付办法考虑不周到、速度控制不当等。驾驶错误多为掌握转向盘、制动、换挡不当，到了该转弯的地方却不能及时打转向盘；到了该制动的时候，却不能及时踩制动踏板，动作的幅度过大等。严重者进入半睡眠状态，把车开入河里、桥下或撞在建筑物上。

四、引起疲劳驾驶的因素

引起疲劳驾驶的原因是多方面的，主要有驾驶人的心理因素、人员因素、道路因素、时间因素以及生活环境等。

1. 缺乏对自身疲劳的觉察能力

虽然有的驾驶人知道自己已经疲劳了，但是却过高地估计自己抗疲劳的能力，往往等到自己觉得实在不行了再停车，而这时他们已经产生了短暂的瞌睡，严重的交通事故可能就在这一瞬间发生。美国与加拿大学者通过研究80名驾驶人发现，他们中许多人并没有意识到自己已经疲劳，这样就无法对疲劳采取一定的措施。驾驶人通常认为，瞌睡对事故出现的危害不如酗酒大，但比恶劣天气、高速行驶和没有经验的驾驶人的危害性大。该研究还发现，大部分驾驶人都同意交警的分析，即疲劳和瞌睡容易引起事故。然而有51%的疲劳事故驾驶人报告，在事故发生前他们感到仅有一点睡意、根本没有感觉到曾经出现过瞌睡；有41%的疲劳驾驶人认为，他们有能力处理瞌睡时出现的意外；只有25%的非疲劳驾驶人同意这种判断。

2. 睡眠不足

睡眠质量的高低与驾驶疲劳有着直接的联系。睡眠是驾驶人消除疲劳、恢复体力、进行休整的最基本、最重要、最有效的途径。有关专家认为，15%的车祸是由于睡眠不足引起的，其中有一半的交通事故是由于驾驶人睡眠不足6h引起的。造成睡眠不足的原因多种多样，有主观原因，也有客观原因，比如娱乐过度、外界干扰、疾病和工作过于繁忙等都会造成疲劳驾驶。

由于工作性质的不同，一些人经常忙于各种应酬和交际，也有一些人经常加班到深夜，严重影响了休息的时间和睡眠的质量，造成睡眠严重不足。

3. 长时间驾驶

尽管驾驶车辆不需要太大的体力，但从一定程度讲，它是一项精神作业。在驾车过程中，驾驶人必须注视前方，观察后方及周围各种不断变化的道路情况和交通状况，还必须对车辆行驶前方一定范围的

事态变化进行预测，不能有瞬间的疏忽和松懈。长途或长时间驾驶车辆，由于一个人长时间坐在固定座位上，坐姿固定，只能做几个规定的动作，而且动作的幅度受到空间的限制，部分肌体受到压迫，肌肉紧张，血液循环不畅，供氧不足，容易产生困倦，引起疲劳。尤其是中老年驾驶人，随着年龄的增长，身体素质总的来说开始下降，生理机能逐步衰退，视觉能力、精神注意能力、操作反应能力也会随之下降，表现比较突出的是容易疲劳，行车时间稍长就会感觉疲劳，而且恢复较慢，会产生力不从心的感觉。

4. 药物、酒精等刺激

驾驶人疾病或其他原因服用安眠、镇痛等药物后，会困倦、昏沉，甚至引起嗜睡。驾驶人饮用含有酒精成分的白酒、黄酒、红酒、啤酒等会产生睡意渐浓等现象。在此时驾车，容易产生疲劳，甚至引发车祸。

5. 个体差异

驾驶人的身体状况、年龄、性别、经验、技术、性格以及工作时间等对驾驶状态均有明显的影响。一般来说，如下三种驾驶人是疲劳驾驶的高危人群：第一，年轻人，大部分研究证实，年龄在30岁以下的是最危险的人群；第二，是上夜班的驾驶人；第三，睡眠有障碍的驾驶人，睡眠有障碍包括睡眠时出现呼吸暂停（睡觉时呼吸中断导致缺氧，造成睡眠很少或不连贯）和嗜睡发作（睡醒转换机制紊乱，白天需要额外的睡眠来补充）。而驾驶技术熟练者，则不容易产生疲劳。

6. 道路因素

驾驶人在宽直、平整的道路上较长时间行驶，由于操纵动作减少、车速基本稳定，疲劳感会明显上升，出现视力模糊，昏昏欲睡的现象，容易发生交通事故。最典型的是高速公路上的“公路催眠”现象。同时，在道路交通环境不佳，如道路能见度低、没有交通标志、行人拥挤、自行车多、交通阻塞、意外被超车、道路崎岖不平等情况下，驾驶时要频繁地修正行车方向、换挡以及进行其他驾驶操作，或者道路不熟悉，都容易使驾驶人的情绪紧张并付出较大的体力，容易引起驾车疲劳。

7. 生物节律

人体是由各部分器官紧密配合工作的，长时间的高度注意很容易产生疲劳。按照人体生物节律，人在中午12点后的1～2h后，或者在凌晨时分容易产生疲劳和困倦。所以，一天中有两个时段开车是最危险的，一个是凌晨2：00～6：00，另一个是下午15：00～16：00，这段时间按人的生活习惯正是睡眠深沉和疲劳困倦的时间。各种研究表明，凌晨2：00产生的交通事故是上午10：00的50倍；下午15：00产生的交通事故是上午10：00的3倍。

8. 生活环境因素

生活环境是指社会气氛、群体气氛、家庭关系、人际关系等。这些因素对驾驶人疲劳特别是心理疲劳产生很大的影响。家庭关系处理不好，会导致心理失调，行车时烦躁不安，思想迟钝，判断情况不准确，处理问题不及时，注意力不能集中，身心极易产生疲劳，发生事故的可能性增大。平时与领导、同事之间人际关系的好坏对交通安全以及本身的心理疲劳都有很大影响。同事之间关系紧张，工作上互不支持，必然产生消极情绪，如不愉快、猜疑、悲观、忧郁等，造成心理紧张，也容易产生心理疲劳。

五、预防疲劳驾驶的对策与教学

疲劳驾驶对交通安全会产生很大的影响，也是交通事故发生的重要因素。因此，消除疲劳和预防疲劳驾驶，对于驾驶人来说特别重要。教练员在学员学车的初学阶段就要对疲劳驾驶引起足够的重视，消除和预防疲劳驾驶主要有以下措施。

1. 加强管理，开展广泛的教育

疲劳驾驶问题已经被人们广泛的认识，交通管理部门制定了许多

规章制度，来遏制因疲劳驾驶而引发的交通事故。在我国，疲劳驾驶现象已经成为交通安全管理部门重点防范的对象，加强检查是一种必要的措施之一，利用高科技手段对驾驶过程进行及时检测是一种有效的措施。

加强对初学驾驶人（年龄在18~24岁）的教育。特别是男性青年由于个性和生理方面的原因，很多人喜欢过夜生活，以致在疲劳的状态下行车而酿成交通事故。加强对这一群体初学驾驶人有关预防疲劳驾驶的基本常识和如何减少导致危险的生活习惯的教育非常必要。

2. 驾驶人自身必须加强对疲劳驾驶的防治

1）保证充足的睡眠，生病及时就诊

睡眠是人体机能休养生息、恢复体力、减少和消除疲劳的最佳途径。所以，驾驶人应保证充足的睡眠，特别是在准备长途行车前，必须保证足够的睡眠。这就要求：驾驶人必须养成良好的生活习惯，节制夜间的娱乐性活动，保证睡眠时间，提高睡眠质量。特别要注意行车在外，不要因赶时间而减少睡眠。有睡眠障碍等疾病的驾驶人应及时就诊、及时治疗。医生应告诉患者保证充足睡眠的必要性，管理部门应通过检测和管理，发现能够引起瞌睡的疾病（如睡眠综合症、嗜睡症等）并建议其及时治疗。对不适合从事运输行业的驾驶人，建议其改换行业，以保证人身安全。

2）连续驾车时间不宜太长，严格控制车速

驾驶人应合理安排运输任务或行车时间，尤其是夜晚行车和长途行车过程中，连续2~3h后应休息一下，选择路边不影响交通的地点停车，下车走一走，做些简单的运动，改善血液循环，消除肢体疲劳。途中适时开窗透气以防缺氧，必要时可以听听欢快的音乐，哼哼歌曲，或咀嚼一块口香糖，以达到提神的效果。长途行车时，要严格按照规定保证至少有两名驾驶人轮换驾驶。驾驶人在行车过程中应做到思想上高度重视，严格控制行车速度，切不可因为行车多年无事故而麻痹松懈。

3）注意休息，加强锻炼，保持健康愉快的心情

驾驶人要学会自我调节，行车过程中感觉疲劳、困倦时，应及时采取措施，切不可抱“熬一熬”、“再开一会再说”的心态。有疲劳时立即停车休息的意识，冬天让冷风吹一吹，夏天用冷水洗洗脸、喝杯清凉的饮料。必要时，就地休息甚至睡一睡，待困倦疲劳消除后，再继续行驶。平时加强身体锻炼，积极参加一些有益的体育活动，养成良好的生活习惯和作息时间，保持良好的心理和精神状态，有效地预防和消除疲劳。当遇到心情不愉快时，应尽力调节好自己的心态，可以通过咨询心理医生等方式，及时调整好心理，保持健康愉快的心情。

4）提高驾驶技术

驾驶人在驾驶过程中的疲劳程度与驾车过程中的操作技术、熟练程度有密切的关系。掌握驾驶技巧，提高驾车技术，能有效预防驾驶疲劳，可从以下方面予以注意。

(1) 防止发生速率偏差。降低车速时必须看清楚自己的车速表，配合当时的道路周边情况，将速度保持在可控制范围之内，万万不可只凭感觉判断就作决定。

(2) 学习交流，提高驾驶熟练程度。由于受个人素质的影响，加之思想侥幸、麻痹和厌学心理等的存在，有些驾驶人对道路交通安全法律法规知之甚少，对驾驶操作也一知半解，缺乏预感性，判断能力差，行车时高度紧张。相比较而言，技术生疏的驾驶人比驾龄长、技术高的驾驶人更容易产生疲劳，所以平时应多注意交流学习，不断提高驾驶技术。

(3) 行驶中两眼不要一直盯着公路的中心线。当感觉疲劳时，要适时将眼睛眺望远方，或者调节座位和椅背。驾驶过程中经常查看车速表防止超速，并与前面的车辆保持安全距离。不要事先确定抵达目的地的时间。为防止放松警惕性，应给驾驶室通风降低温度。心理学认为，人的意志集中力会因外界各种程度不同的冲击而削弱或丧失，大脑中枢如果更多地接受与处理外界信号时会过早或加重疲劳。

因此，对疲劳驾驶的预防归根结底还在于驾驶人本身，只有驾驶人心中时刻铭记交通安全和交通法规，学会自我提醒、自我警示、自我调节和自我缓解的能力，时刻想着自身的安全关系着全家人甚至其他家庭的完整和幸福，将交通安全法规切实落到实际行动之中，自觉制止疲劳驾驶，确保行车安全。

第三节　酒后驾驶的危害与防范

一、饮酒与交通事故

酒后驾车是我国交通事故产生的重要原因之一，具有相当大的危害性。2009 年 8 月 15 日起公安部在全国开展严厉整治酒后驾驶交通违法行为专项行动。在专项整治的一个月中，全国因酒后驾驶引发交通事故起数、死亡人数、受伤人数同比分别下降 37.5%、36.2% 和 31.0%。这些情况充分说明，对酒后驾驶行为尽管公安部门采取了多种严厉措施，但在国内酒后驾车的情况仍比较普遍的，它的危害性就可想而知了。

从表 4-1 中可以看出，在饮用相同量的情况下，烈度酒比低度酒在血液中的浓度更高，而体重较轻的驾驶人更容易发生交通事故。

驾驶人饮酒后，酒精被胃壁和肠壁迅速吸收，并溶解于血液中，通过血液循环流遍全身，进而影响中枢神经系统。当脑及其他神经组织内的酒精浓度增高时，中枢神经的活动逐渐迟钝，视觉和知觉判断力下降，驾驶操作能力下降，严重时手脚不协调。

人体内酒精含量不同时，其心理活动和外观表现不一样。民间区分醉酒的标准如下：

1. 不醉

血液中酒精含量小于 0.5mg/ml，检测不出是否带有酒气，外观无异常，有时甚至愉快地哼歌。

饮酒量、体重与血液中酒精含量的关系　　表 4-1

血液中酒精含量(mg/ml) 体重(kg) 酒的种类及饮酒量(ml)		50	60	70	80
淡啤酒	300	0.29	0.24	0.21	0.18
淡葡萄酒	250	0.58	0.48	0.41	0.36
浓葡萄酒	250	0.72	0.60	0.51	0.45
甜酒	20	0.24	0.20	0.17	0.15
啤酒	633	0.81	0.68	0.58	0.51
白酒	180	0.82	0.69	0.59	0.51
白兰地	25	0.29	0.24	0.20	0.18

2. 微醉

血液中酒精含量为0.5～2mg/ml，脸红话多，心神不定，对外来刺激反应迟钝，有时胡闹，但尚未忘记自己。

3. 轻醉

血液中酒精含量为2～3mg/ml，兴奋、多话、语言不清、酒后失言，有时哭笑。

4. 深醉

血液中酒精含量为3～4mg/ml，动作失调，腿软不能走路，言语不清，反应显著低落，陷入麻痹状态。

5. 泥醉

血液中酒精含量为4～5mg/ml，随地倒卧，陷入昏睡状态，四肢无力，呼吸困难，大小便失禁，若失去医护，有生命危险。

血液中酒精浓度与驾驶能力的关系，有试验得知：血液中酒精浓度达到0.3%，驾驶能力开始下降；达到1%时下降15%；达到1.5%时下降30%。

二、饮酒对驾驶人心理机能的影响

酒精作为一种麻醉剂作用于人的高级中枢神经，首先影响人的心理活动器官是大脑，所以饮酒后特别是大量饮酒后，驾驶人的生理、心理机能会发生一系列变化，主要变化有以下几个方面。

1. 饮酒使思考判断能力下降

由于酒精使大脑中枢神经中毒，中枢神经的活动逐渐迟钝，致使思维不灵敏，判断易出差错。美国的劳尔认为，血液中酒精浓度达到0.94‰时，判断力平均降低25%，具体的下降程度因人而异。许多人饮酒以后，对自己不能正确判断，不但觉得自己没有什么变化，而且还错误地认为自己和平时一样，甚至比平时更好。

2. 饮酒使感觉机能下降

饮酒使驾驶人的视觉机能下降，视野变窄。驾驶人的视野是随车速的提高而变小的，饮酒后视野进一步缩小，视线只能集中在有限的目标上，注视点以外的事物却视而不见或根本没看见，从而酿成灾祸。饮酒使驾驶人对颜色的辨识能力也降低了，严重者不能正确区分红绿灯信号和交通标志的颜色，极容易发生撞车事故。饮酒还会使驾驶人的触觉、听觉变得迟钝。

3. 饮酒使注意力不集中

酒精进入人体后，注意力容易分散，而且偏向一方，注意力的分配能力也大大降低。经常会盯着一个人，抓住一个问题而不放。这样，就会影响对千变万化的车内外环境的观察，以致忽略道路上的行人、车辆、信号等动态，从而发生事故。

4. 饮酒使记忆力减退

有人曾做过实验，让一些人背诵相同的字句，从开始到记住为止。没饮酒的人平均读7.25次就记住了；少量饮酒者平均读9.5次；中等程度的饮酒者，要18.15次才能记住；醉酒后则不能进行记忆，即使已经记住了的东西，也容易忘记得暂时回忆不起来。一些酒醉的人，甚至连在哪里喝酒、和谁喝酒、怎么回的家都不记得。

5. 饮酒使情感、性格等发生暂时性变异

饮酒影响大脑的抑制功能，使中枢神经失去控制而过度兴奋。例如：有的人酒后似乎胆量倍增、无所畏惧；有的人则忘乎所以、好说爱动、狂笑不止或痛哭流涕；有的人一改平时谨慎认真的态度，说话随便、行动轻率。如果以这样的心理状态驾驶车辆，是极易造成行车事故的。

6. 饮酒使视觉特性、听觉特性、反应特性明显下降

在酒精的作用下，汽车驾驶人的注意力不易集中，容易产生朦胧的感觉，眼睛和耳朵的分辨能力随血液中酒精浓度增加而下降。特别是眼睛因不易转动而发呆，以至视力下降和视野变窄，加上耳朵听觉功能的降低，容易使汽车驾驶人发困或打瞌睡直至疲劳驾车，综合体现在驾驶人反应特性和判断能力下降。

7. 饮酒使汽车驾驶人的驾驶操作能力下降

在酒精的作用下，驾驶人手脚的协调性变差或手脚执行大脑命令的准确性降低，造成动作迟缓。酒后驾驶操作的失误较多，不利于汽车的操作驾驶，甚至会酿成车毁人亡的惨剧。

8. 饮酒使汽车驾驶人的自控能力降低，交通违章行为增加

饮酒后的人意识降低，对行车速度的判断力减弱，不经意间超速驾驶，无视交通法规强闯红灯，不按照规定路线行车，随便调转车头，在超车、倒车、会车的过程中判断不准确，造成违法行为，甚至引发车祸。对自己的行为没有责任感，对自己的家庭和别人的幸福抱着不负责任的态度。

三、饮酒对驾驶行为的影响

饮酒对人体的影响是因人而异的，通常所说的“能喝”和“不能

喝”，就是这种差异的一个体现。一般来说，许多人血液中酒精含量超过50mg/100mL，行为就有显著变化，而超过100mg/100mL则言语不清，动作失调，陷于麻痹状态。醉酒的程度还与性别、年龄、性格、职业、经济、处境、心情等因素有关。

科学研究结果表明，饮酒所引起的事故80%以上是在血液中酒精浓度超过50mg/100mL时发生的。《车辆驾驶人员血液、呼气酒精含量阈值与检验》（GB 19522—2004）规定：车辆驾驶人员血液中的酒精含量大于或者等于20mg/100mL，小于80mg/100mL属于饮酒后驾车；醉酒驾车是指车辆驾驶人员血液中的酒精含量大于或者等于80mg/100mL的驾驶行为。

四、引起酒后驾驶行为的因素

尽管酒后驾车是道路交通法规严格禁止的交通行为之一，而且处罚非常严厉。然而，仍有极少部分驾驶人置交通法规不顾而酒后驾车，酿成交通惨案。主要有以下几点原因。

1. 社会文化因素

从社会文化环境看，部分人并没有把酒后驾车作为诸如盗窃、抢劫等令人唾弃的违法犯罪行为来看待，有些人反而以酒后驾车不被发现或不受惩处为荣，期望周围人羡慕他运气好、酒量大，既交了朋友，又满足了虚荣心，还没有受到处罚。这样周而复始，助长了酒后驾车者的放纵行为，形成了不良的社会风气并影响个人行为。

2. 主观因素

（1）酒后驾车是最不容易被发现的交通违法行为，因为酒后驾车的检查必须让驾驶人停车，与其他交通违法行为可以通过观察及监视探头进行检查、发现相比较，发现机率低，很多都是在纠正其他违法行为或事故出现以后才发现驾驶人喝过酒。这就导致很多人由于侥幸心理膨胀而酒后驾车。

（2）因夜间在岗交通警察少，有少数驾驶人怀着侥幸心理，放松对自己的要求；或者认为自己在公安交通管理机关有朋友，事后朋友会帮自己说情，开脱交通违法和酒后驾车的责任，以情代罚。

（3）本来按计划不需出车，本想适量饮酒便于休息，但由于紧急情况，驾驶人不得不服从单位领导的调遣安排和其他人的用车要求，匆忙出车，酿成交通惨案。

3. 国家法律层面

《中华人民共和国道路交通安全法》对酒后驾车违法行为的处罚中规定，一般性的酒后驾车如果没有造成致人重伤、死亡或是公私财产遭受重大损失的，主要是经济处罚，最高罚款也不超过2000元；即使是情节严重的醉酒驾车，最重的处罚也就是治安拘留15天，显得较松。而有一些国家则对酒后驾车行为处以刑罚，如日本对酒后驾驶的处罚标准是1年以下徒刑和30万日元以下罚款；美国把酒后驾车定义为故意犯罪，对酗酒后的犯罪行为，不论是否造成交通事故，一律由警察部门先行羁押后交刑事法庭处理。相比之下，我国对酒后驾车这种严重危害公共交通安全的违法行为处罚力度较轻，不能有效约束驾驶人的酒后驾车行为。

目前，全国人大已在研究讨论，拟将酒后驾驶和醉酒驾驶列入《刑法修正案（八）》，设立危险驾驶罪。

五、杜绝酒后驾驶行为的措施

1. 加强宣传和执法力度

第一是加强宣传力度，充分利用电视、广播、报刊等社会力量宣传酒后驾车的危害性和相关的法律法规，对典型个案进行曝光处理，使每个驾驶人都能认识到酒后驾车的危害性。第二是选择有效的宣传场所，如酒店、餐厅、酒吧等开展宣传，尽量使酒后驾车行为能够得到及时的劝阻。第三是组织声势浩大的行动，选择重点时间、重点路段进行重点整治，对查出的违法行为进行反面宣传，形成严管重罚的整体氛围。第四是提高处罚力度，在现有法律基础上，应从重从严进

行处罚，取处罚的上限，以增加对酒后驾车交通违法的震慑作用。

事实表明，采取各种有效方法加强酒后驾车危害性的宣传教育力度，能对酒后驾车行为起到一定的制止作用。

2. 驾驶人自身必须树立安全意识

1）树立牢固的安全行车意识

汽车驾驶人应树立牢固的安全行车意识，时刻牢记道路交通安全法规，尊重自己的生命和尊重别的交通活动参与者的生命。在任何情况下，只要自己有驾车的可能，就应以交通安全法规为准绳，告诫自己和告诫敬酒、劝酒的人，严禁酒后驾车，以道路交通安全为重。

2）告诫自己不能饮酒

驾车参加聚会或酒宴时，在宴席上要时刻告诫自己不能饮酒，即使是一点点也不行，因为有了一点点的开始就会有一杯的开始，就会很难拒绝他人的敬酒，也很难避免自己因为开心和交际的需要而更多地饮酒。如果饮酒了，应由未饮酒的人员驾车送回家或者将车放置于安全的地方，找个安静的地方好好休息，等酒醒了意识完全恢复之后再驾车离开，当然，也可乘出租车回家。

3）发现酒驾尽快报警

当发现有驾驶人违法酒后驾车时，应尽快报告执勤的交通民警或巡警，以采取适当的措施加以制止，控制酒后驾车的事故苗头。每一名汽车驾驶人、乘客和行人都有监督和制止酒后驾车的义务，因为这不仅是对自身的安全负责，也是自觉维护道路交通安全、充分尊重他人生命安全的重要体现。

酒后驾车不仅影响交通安全，也影响社会和谐。只有人们交通安全意识进一步加强，交通执法水平进一步提高，酒后驾车的交通违法行为才能得到有效治理，酒后驾车交通事故才能得到有效控制，从而使“司机一滴酒，亲人两行泪”的情景不再上演，使我们的家庭更加美满幸福，社会更加和谐安定。

第四节 吸烟、服药与行车安全

一、吸烟与行车安全

1. 吸烟对生理和心理的危害

香烟成分很复杂，在燃烧生成的烟雾中，含有尼古丁、一氧化碳等有毒物质750多种。这些毒物随着烟雾，由口腔、气管进入肺中，经气体交换进入血管，随血液循环流遍全身，导致人体发生各种疾病甚至死亡。一般来说，吸烟者易患慢性气管炎。吸烟会使胃肠溃疡发病率增加1倍。吸烟者的肺癌发病率是不吸烟者的7到11倍。患高血压病的吸烟者，病情会不断恶化，并可能导致突发性心绞痛。长期吸烟是青年男子患心肌梗塞的重要原因。

吸烟者的另一特征是睡眠无规律和经常的疲劳感。由于吸烟者血液中氧气对身体组织的供给量比不吸烟的人少5%～10%，所以会出现不良的自我感觉。吸烟还会使血液循环和呼吸系统处于不稳定状态。

另外，吸烟还会造成种种心理功能失调。

（1）产生视觉障碍。吸烟时产生的有毒烟雾，不但从外部刺激眼睛，而且通过血液循环带到视网膜上，使吸烟者产生视觉障碍。

（2）听力下降。烟雾常由鼻孔呼吸，使鼻腔黏膜干燥、充血，分泌物增多，引起鼻炎，嗅觉灵敏性下降，反应比较迟钝。

（3）降低心理功能。当吸入尼古丁的量很少时，它能促进大脑皮质兴奋，促进心理活动，使呼吸加快，所以吸烟者有提神解乏之感。但这种暂时的作用是毒性刺激所引起的，随着毒性的增加，继而会对神经系统产生麻痹作用，降低心理功能。

（4）影响大脑组织的功能。尼古丁会使血管收缩，一氧化碳会造成缺氧状态，会影响脑组织而使思维迟钝、判断失误、动作失调。

（5）损害中枢神经系统。吸烟成瘾的人中枢神经系统受损，智力

下降，反应迟钝，会产生头痛、晕眩、失眠、神经衰弱等症状。

2. 吸烟对行车安全影响

（1）研究证明，长期大量吸烟的人，由于心理机能降低，从事高度准确的动作有困难，对精细的技术操作有影响。驾驶汽车要求动作准确精细，因为驾驶操作动作不准确，会造成严重事故。

（2）经常吸烟的人，四肢血管壁长期受烟毒刺激，导致栓塞性动脉内膜炎，血液循环受阻，血管堵塞、坏死。如果驾驶人的手脚受损，不听使唤，就不能驾驶汽车。

（3）夜间行车光线差，道路照明不良，为了看清道路情况，主要依赖驾驶人眼睛的暗适应能力。而夜间行车吸烟就会降低驾驶人的暗适应能力。研究表明，驾驶人如吸3支香烟，可使暗适应力降低25%。这给驾驶人正确感知周围的事物带来了障碍。

（4）人在吸烟时，血管收缩，血压升高20～40Hg。在15min左右，血压处于不稳定状态。同时还使吸烟者脉搏加快，导致肌体疲劳，驾驶人的驾驶操作必然受到影响。

二、药物与行车安全

1. 药物与交通事故

现代生活水平、医学和药理学的成就导致了药物普遍使用。

前苏联有一项统计发现，有4%～20%的驾驶人未经医生允许自己服药。而驾驶人没有想到这些药品在服用后能长久地产生影响，它可能成为事故的隐患。有16%的交通事故是因驾驶人服药所致。波兰科学家的研究表明，波兰是服用止痛和镇定类药物最多的欧洲国家之一，而这些药物在单独或者相互作用下会使人嗜睡。波兰20%的交通事故是由于驾驶人服用了一些日常药物造成嗜睡引起的，而肇事驾驶人对此却全然不知。报告认为，它的严重性仅次于服用酒精和违禁药物，止咳、退烧药物等所含成分会让人在服用后感觉像饮用啤酒一样昏昏欲睡，而这些药品的包装上并没有全部就此对驾驶人做出警示。

虽然有些药物注明由于会引起嗜睡需要晚间服用，但是很多药物会在服用后24h内发生作用，而人们往往容易对此忽视。我国的一份调查表明，药后驾车的人中，用抗抑郁镇静剂导致的事故率达97%，服用大麻酚镇吐剂导致的事故率是90%，饮酒后驾车导致的事故率则是87%。频发的药后驾车交通事故向人们昭示：药后驾车有时比酒后驾车还要危险。

2. 驾驶人的常见疾病

驾驶工作因其交通环境与特殊的姿势和操作动作，在运行中，车辆振动、噪声、复杂的混合式交通，使得驾驶人的身心负荷都很大。如再加上长时间开车，休息太少，疲劳过度，又在行车途中，特别是经常跑长途的驾驶人不能按时饮食和安时睡眠，往往会导致腰疼、神经根炎、下肢静脉曲张、痔疮等疾病。驾驶人所患的常见疾病都是由于驾驶工作的特殊环境所致，即便是轻微的病症，也会影响人的劳动能力。驾驶人在病态下开车，注意力和反应能力会大大降低，动作不协调，准确性和速度也会下降。慢性疾病同样会增加发生交通事故的可能性。

3. 常用药物及其副作用

1）感冒类药物

驾驶人最常用药物就是感冒类的药物。目前广泛用于治疗感冒、各种炎症的退热、镇痛、消炎止咳药有阿司匹林、扑热息痛、非那西汀、安乃近、可达因等，以及各种抗菌素药物。这类药物服用后，一般会使人的视力、听力、注意力减退，反应能力、动作协调能力下降，使人产生疲倦瞌睡或头晕等副作用，使得驾驶机能受到影响。

2）治疗胃肠、呼吸和血液类药物

许多治疗胃肠、呼吸和血液循环器官的药品能导致瞳孔的扩张和收缩，眼睛的调节能力和视力降低，视野缩小，使得驾驶人的目测能力降低。

3）晕车药物

一般在治疗晕车的药物中，都含有安眠药的成分，服用后会导致困

倦瞌睡，动作呆滞，驾驶人在行车前和行车过程中不得服用这类药品。

4）镇静剂

这类药物主要用来治疗神经衰弱等症，它能够在不减弱思维过程的情况下消除焦躁、紧张和不安。但服用药物时，能使人消极、困倦、肌肉活力下降。长期服用后感觉迟钝、情绪忧郁、精神不振，会导致记忆力衰退。

5）兴奋剂

这类药物能改善思维活动，提高智力活动的积极性；消除瞌睡，振作精神，缩短简单复杂反应时间，提高警觉。由于该药具有这些好处，致使某些驾驶人滥用此药。这种药的副作用是过分自信，易冲动，抑制力减弱，以致丧失警惕。判断能力、定向能力均受影响。

从上述药物的功能及其副作用来看，驾驶人一定要慎重用药。

4. 安全驾驶的应对策略

一般情况下，驾车时应尽量不服用以上药物。必须服用时，应防范药品所带来的副作用，尽量采取其他交通方式出行，不要自行开车。如果开车中途出现不适，不要勉强开车，应停车采取其他交通方式去医院请教医生，以免发生行车事故。此外，考虑到多种药物联合应用可能加重药物的副作用，因此，驾驶人如果由于病情需要联合用药，一定要在医生的指导下使用。驾驶人在服药时应好仔细阅读药品说明书，看看有什么不良反应，会不会影响到驾驶安全。绝大多数影响驾驶安全的药物都会标有“高空作业、驾驶车辆、操作机器时禁用”等提示语句。鉴于有些药还没有完整地标明不良反应的情况，驾驶人在服用中枢兴奋药，某些镇痛药、麻醉药、镇静催眠药、抗精神病药、抗焦虑药、肌肉松弛剂、平喘及治疗鼻炎的抑制肾上腺素药及某些抗组胺药、降压药、止吐剂时要特别小心，服用前一定要参考医生的意见。对有药物或食物过敏史的驾车族，使用新药时要认真观察有无过敏现象的发生，并预备积极的应对措施。用药后如出现不适反应时，轻者可减少剂量，重者必须停药。

复　习　题

一、判断题

(　　) 1. 信息分析是指将外界信息通过大脑进行综合分析，概括出事物活动的正确结论。

(　　) 2. 反馈是指将外界信息通过大脑进行综合分析，概括出事物活动的正确结论。

(　　) 3. 车前突然滚出一个皮球，预示着可能会有追球的小孩从球滚出的一边跑出来。这种信息是指突显信息。

(　　) 4. 交通环境中的突显信息往往是事故发生前一瞬间的征兆，给驾驶人提醒与警告。驾驶人对突显信息的处理，是防止事故发生的关键。

(　　) 5. 潜伏信息是指行车道上对驾驶人刺激度较小的信息。

(　　) 6. 潜伏信息是指不易发觉但潜伏危险征兆的信息，它具有一定的隐蔽性，行车中一般不容易被发现。

(　　) 7. 视觉是驾驶人获取交通信息的主要途径，依靠视觉，驾驶人可获得 80% 以上的信息。

(　　) 8. 驾驶人在车内播放强劲的或者音量过大的音乐，不会干扰听觉和影响对外界信息的感知。

(　　) 9. 道路交通的突发事件，是指意外发生或瞬间突然发生在交通环境中的一些特殊情况，其干扰强度较大，影响范围广，因而常会防不胜防，发生交通事故。

(　　) 10. 侥幸是由于偶然的原因而得到成功或免去灾害，它是人们的行为中极不保险、不安全的表现。

(　　) 11. 驾驶人的侥幸心理多出现在超速行驶、视野较好、酒后驾驶、危险路段等方面。

(　　) 12. 异常心理是车辆驾驶安全的大敌，也是发生事故的祸根，由驾驶人异常心理造成的交通事故占交通事故总数 30% 左右。

(　　) 13. 为有效预防事故的发生，熟练掌握驾驶技能是前提，调整并控制好驾驶人个性心理情绪也是重要一环。

(　　) 14. 驾驶人只要调整并控制好驾驶人个性心理情绪就能有效预防事

故的发生。

(　　) 15. 在汽车驾驶技能形成过程中，学员各自的心理特征不一样，对技能形成的影响不大。

(　　) 16. 学员心理活动会影响其汽车驾驶技能的形成，不仅影响训练进度，还影响学员独立驾驶后的安全行车。

(　　) 17. 教练员的劳动对象是“教”的客体，又是“学员”的主体，具有双重性。

(　　) 18. 行经学校附近时，即使没有学生穿行，也必须降低车速行驶。

(　　) 19. 消极情绪会影响行车安全，而亢奋的情绪不会影响行车安全。

(　　) 20. 学员在道路训练过程中过于兴奋时，教练员应提示学员控制好情绪和车速，避免过高估计自己的驾驶技能。

(　　) 21. 学员带有消极情绪时，教练员应注意防止其注意力不集中、动作失误增加等带来的危险，制止其开“斗气车”。

(　　) 22. 驾驶疲劳是指驾驶人每天驾车超过 8h 或连续驾车超过 2h。

(　　) 23. 驾驶疲劳直接影响行车安全，因此驾驶人在疲劳时不宜继续驾车。

(　　) 24. 疲劳后驾驶的复杂反应时间显著减少。

(　　) 25. 睡眠是人体机能休养生息、恢复体力、减少和消除疲劳的最佳途径。

(　　) 26. 喝咖啡是维持人体机能，休养生息、恢复体力、减少和消除疲劳的最佳途径。

(　　) 27. 驾驶人的视野是随车速的提高而变小的，饮酒后视野进一步缩小。

(　　) 28. 饮酒后驾驶机动车的，处暂扣一个月以上三个月以下机动车驾驶证，并处二百元以上五百元以下罚款。

(　　) 29. 饮酒后驾驶机动车的，处暂扣六个月以下机动车驾驶证，并处二百元以上五百元以下罚款。

(　　) 30. 醉酒后驾驶机动车的，由公安机关交通管理部门约束至酒醒，处十五日以下拘留和暂扣三个月以上六个月以下机动车驾驶证，并处五百元以上两千元以下罚款。

(　　) 31. 饮酒后驾驶营运机动车的，暂扣三个月机动车驾驶证，并处五百元罚款。

（　　）32. 一年内有醉酒后驾驶机动车的行为，被处罚两次以上的，吊销机动车驾驶证，三年内不得驾驶营运机动车。

（　　）33. 饮酒后由于驾驶人开始兴奋，驾驶人对颜色的辨识能力增加，能正确区分红绿灯信号和交通标志的颜色。

（　　）34. 饮酒后在酒精的作用下，机动车驾驶人视力会下降，视野变窄，但对耳朵听觉功能没有影响。

（　　）35. 我国国家标准规定：车辆驾驶人员血液中的酒精含量大于或者等于 20mg/100ml，小于 80mg/100ml 属于饮酒后驾车。

（　　）36. 我国国家标准规定：醉酒驾车是指车辆驾驶人员血液中的酒精含量大于或者等于 80mg/100ml 的驾驶行为。

（　　）37. 机动车驾驶人连续驾车超过 4h，必须停车休息，休息时间不得少于 20min。

（　　）38. 服用少量国家管制的精神药品或者麻醉药品，可以驾驶机动车。

（　　）39. 机动车驾驶人过度疲劳时，需谨慎驾驶机动车。

（　　）40. 每一名驾驶人、乘客和行人都有监督和制止酒后驾车的义务。

（　　）41. 一般来说，吸烟者易患慢性气管炎，吸烟者的肺癌发病率比不吸烟者高 6 到 10 倍。

（　　）42. 吸烟成瘾的人中枢神经系统一般受损智力下降，反应迟钝，头痛、晕眩、失眠、神经衰弱等。

（　　）43. 在饮用相同量的情况下，烈度酒比低度酒在血液中的浓度更高，而体重较轻的驾驶人更容易发生交通事故。

（　　）44. 在饮用相同量的情况下，烈度酒比低度酒在血液中的浓度更高，而体重较重的驾驶人更容易发生交通事故。

（　　）45. 在驾驶工作中，慢性疲劳比急性疲劳的危害性更大。

（　　）46. 驾驶人面对实际的或想象中的危险时所表现出的情感叫恐惧心理。

（　　）47. 疲劳驾驶对安全行车的危害表现在使人判断能力下降。

（　　）48. 驾车参加聚会或酒宴时，很难避免自己因为开心和交际的需要而喝一点酒，但喝酒后开车一定要谨慎安全。

（　　）49. 疲劳驾驶产生的事故往往比较轻，这可能是因为车速过快，驾

驶人不能及时回避可能出现的事故。

(　　) 50. 机动车驾驶人的个性心理活动不是影响安全行车的重要因素。

(　　) 51. 驾驶人不是通过反馈来不断地修正误差，使车辆按照驾驶人的主观意志行驶的。

(　　) 52. 处理突显信息的关键，是驾驶人具有迅速正确判断信息、敏捷无误处理信息的应变能力。

(　　) 53. 驾驶人必须了解和把握不同交通环境的特点，不具备适应各种环境条件的能力，才能做到安全行车。

(　　) 54. 驾驶人要有高度的安全意识和责任感，在行车过程中，做到思想重视，驾驶谨慎，车辆控制上留有充分的安全余地，以避免或减少因突发事件干扰而产生严重后果。

(　　) 55. 恐惧心理不是驾驶人面对实际的或想象中的危险时所表现出的情感。

(　　) 56. 在技能形成教学中培养学员的良好心理素质，是教学质量评价的重要指标之一。

(　　) 57. 要认清教育对象是学员。教练员的劳动对象是“教”的主体，又是“学员”的客体，具有双重性。

(　　) 58. 慢性疲劳一般休息 10 ~ 30min，就能得到恢复。

(　　) 59. 在驾驶工作中，慢性疲劳的危害性不大。

(　　) 60. 疲劳会导致驾驶人心情急躁、精神不振、郁闷、爱发火等。

(　　) 61. 疲劳状态是一种定量的状态，在不同时间、不同个体、不同情境下，疲劳产生的程度也相同。

(　　) 62. 睡眠质量的高低与驾驶疲劳有着直接的联系。

(　　) 63. 驾驶人饮用含有酒精成分的白酒、黄酒、红酒、啤酒等会产生睡意渐浓等现象。在此时驾车，容易产生疲劳，甚至引发车祸。

二、单项选择题

1. 车辆涉水后，制动蹄片受潮会影响制动效能等，这属于（　　）。

①潜伏信息　　②突显信息　　③预见信息

2. 在驾驶过程中遇到（　　）时，一般要适时采取减速慢行或停驶察看等措施，切不可盲目驾驶，确保行车安全。

①听觉干扰　　②视觉干扰　　③突发事件干扰

3. 车辆在行驶过程中，在安全区域以外就显露出来而且驾驶人有充分时间进行处理的信息，这种信息是指（　　）。

①早期信息　　②突显信息　　③预见信息

4. 驾驶人获得有小孩横穿道路拣球这一突显信息之后，正确的应变方式应该是（　　）。

①打转向盘从小孩的前方绕行

②打转向盘从小孩的后方绕行

③抓住“有球滚出”的信息征兆，减速慢行，做好随时停车的准备

5. 视觉是驾驶人获取交通信息的主要途径，依靠视觉，驾驶人可获得（　　）以上的信息。

① 70%　　② 80%　　③ 90%

6. 驾驶人面对实际的或想象中的危险时所表现出的情感叫（　　）。

①恐惧心理　　②侥幸心理　　③兴奋心理

7. 学员在训练过程中出现恐惧和紧张的情绪时，教练员应适当放慢训练的进度，对学员（　　）。

①多鼓励、耐心辅导

②停止训练

③既不鼓励，也不批评

8. 驾驶人在遇到事关利益的情况时，迅速权衡利弊，采取相应措施的心理称为（　　）。

①兴奋心理　　②侥幸心理　　③利弊心理

9. 驾驶人连续驾驶汽车时间不得超过（　　）。

① 2h　　② 3h　　③ 4h

10. 驾驶人感到体力减弱、操作无力，方向、换挡等操作主动性下降，是疲劳中（　　）的一种表现。

①无力感　　②注意功能失调　　③知觉功能减退

11. 疲劳后的简单反应时间，比疲劳前增加了（　　）左右。

① 0. 1s　　② 0. 3s　　③ 0. 5s

12. 根据人体的生物节律，凌晨 2 时产生的交通事故是上午 10 时的（　　）倍；下午 15 时产生的交通事故是上午 10 时的 3 倍。

① 10　　② 20　　③ 50

13. 驾驶人在夜间驾驶感到有困倦感时，应注意（　　）。

①用吸烟、喝水等方法提神　②停车休息　③打开收音机继续驾驶

14. 疲劳驾驶对安全行车的危害表现在使人（　　）。

①感、知觉机能强化　②反应时间缩短　③判断能力下降

15. 血液中酒精含量为0.5～2mg/ml的属于（　　）。

①不醉　②微醉　③轻醉

16. 深醉的标准：血液中酒精含量为（　　），此时驾驶人往往动作失调、腿软不能走路、言语不清、反应显著低落，陷入麻痹状态。

①2～3mg/ml　②3～4mg/ml　③4～5mg/ml

17. 血液中酒精浓度达到（　　），驾驶能力开始下降。

①0.3%　②0.4%　③0.5%

18. 饮酒后驾驶机动车的，处暂扣一个月以上三个月以下机动车驾驶证，并处（　　）罚款。

①200元以上

②200元以上500元以下

③500元以上

19. 醉酒后驾驶营运机动车的，由公安机关交通管理部门约束至酒醒，处十五日以下拘留和暂扣（　　）机动车驾驶证，并处二千元罚款。

①三个月　②六个月　③一年

20. 一年内有醉酒后驾驶机动车的行为，被处罚（　　）以上的，吊销机动车驾驶证，五年内不得驾驶营运机动车。

①一次　②二次　③三次

21. 交通警察（　　），应当强制检验车辆驾驶人体内酒精含量。

①对酒精呼吸测试的酒精含量无异议的

②经呼吸测试没超过醉酒临界值的

③对涉嫌酒后驾驶车辆发生交通事故的

22. 对酒后行为失控的驾驶人，交通警察现场可以采取（　　）措施。

①罚款　②拘留　③使用约束性警械

23. 夜间行车光线差，道路照明不良，为了看清道路情况，此时驾驶人行车吸烟就会降低驾驶人的（　　）能力。

①暗适应　②明适应　③暗、明适应

24. 研究表明，驾驶人如吸三支香烟，可使暗适应力降低（　　）。这给驾驶人正确感知周围的事物带来了障碍。

① 5%　　② 10%　　③ 15%

25. 饮酒使驾驶人的视觉机能下降，视野（　　），注视点以外的事物却视而不见或根本没看见，从而酿成灾祸。

①变宽　　②变窄　　③没有变化

26. 驾驶人感到体力减弱、操作无力，方向、换挡等操作主动性下降是（　　）。

①操作技能下降　　②无力感　　③困倦瞌睡

27. 有调查发现，睡眠不足所导致交通事故产生的死亡比其他交通事故高出（　　）。

① 30%　　② 50%　　③ 70%

28. 疲劳后的简单反应时间，比疲劳前增加（　　）左右。

① 0.1s　　② 0.2s　　③ 0.3s

29. 在未疲劳时，对全部标志都能识别的驾驶人，疲劳后约漏看（　　），识别时间要比正常时多两倍。

① 30%　　② 40%　　③ 50%

30. 大部分研究证实，驾驶人年龄在（　　）以下是疲劳驾驶最危险的人群。

① 40 岁　　② 30 岁　　③ 50 岁

31. 尽管驾驶车辆不需要太大的体力，但从一定程度讲，它是一项（　　）作业。

①体力　　②精神　　③体力和精神

32. 道路交通环境中干扰非常复杂，主要包括视觉干扰、（　　）和突发事件干扰。

①自行车干扰　　②听觉干扰　　③人力车干扰

33. 驾驶人如有慢性疲劳症状一般需要休息（　　），就能得到恢复。

① 10 ~ 30min　　② 30 ~ 50min　　③ 50 ~ 80min

34.（　　）是因长时间连续驾驶而发生的一时性疲劳，也叫暂时疲劳。

①慢性疲劳　　②精神疲劳　　③急性疲劳

35. 很多药物会在服用后（　　）内发生作用，因此服用药物后应防范药品

所带来的副作用，一定要谨慎驾驶或不开车。

① 4h　　② 12h　　③ 24h

36. 在正常行驶的车辆前突然出现行人，此时，驾驶人可以通过鸣喇叭、打转向躲让和（　　）等手段来化险为夷。

①踩制动减速停车　②踩加速踏板加速通过　③ 照常行驶

37. 感觉器官的功能会由于驾驶疲劳而发生衰退或紊乱，主要表现为听力下降、(　　)，甚至产生幻觉。

①体力减弱　　②视觉模糊　　③精神疲劳

38. 一般来说，上夜班的驾驶人、睡眠有障碍的驾驶人和（　　）驾驶人是疲劳驾驶的高危人群。

①年轻人　　②老年人　　③精力充沛的人

39. 处理（　）的关键，是驾驶人具有迅速正确判断信息、敏捷无误处理信息的应变能力。

①预见信息　　②突显信息　　③早期信息

40. 将外界信息通过大脑进行综合分析，概括出事物活动的正确结论的分析称为（　）。

①心理分析　　②推理分析　　③信息分析

41. 在驾驶工作中，慢性疲劳比急性疲劳的危害性（　　）。

①更大　　②更小　　③差不多

42. 教练员应对学员进行安全知识教育和安全意识的培养，要让学员从一开始就树立（　　）的理念。

①遵纪守法，安全行车　②多拉快跑，效益第一　③苦练本领，技术第一

43. 在驾驶操作训练中，教练员（　　），更容易让学员领会动作要领，提高学习效率。

①无条件满足学员的要求

②让学员自由练习

③针对学员学习状况，及时给予指导

44. 学员在驾驶操作训练中出现错误时，教练员应（　　）。

①放任对待，不加干涉

②严厉禁止，责令改正

③及时纠错，帮助分析原因

45. 通常性格内向的学员应变能力差，缺乏自信心。在驾驶操作训练中，教练员对性格内向的学员应（　　）。

①适当表扬，严厉批评

②加强基础动作的训练，提高驾驶技能稳定性

③主动加强交流和理解，多表扬，少指责

46. 夜间行车，驾驶人的视觉特性表现为视野变窄、感知能力和判断能力下降，同时（　　）。

①视距变长　　②存在明适应　　③存在暗适应

47. 疲劳状态是一种（　　）的状态，在不同时间、不同个体、不同情境下，疲劳产生的程度也不同。

①定期　　②不定量　　③定量

48. 教练员在教学过程中要结合学员的生理心理特点等有针对性的进行教学，既要尊重学员（　　）形成的客观规律，又要兼顾教学客观规律，保持教学工作稳步地向前发展。

①操作技能　　②心智技能　　③反应能力

49. 引起疲劳驾驶的原因是多方面的，主要有驾驶人的心理因素、人员因素、（　　）、时间因素以及生活环境等。

①听觉因素　　②生理因素　　③麻痹因素

50. 一年内有醉酒后驾驶机动车的行为，被处罚两次以上的，吊销机动车驾驶证，三年内不得驾驶（　　）。

①货车　　②客车　　③营运机动车

51.（　　）主要是驾驶人自己感觉到的生理现象与特征。

①心理症状　　②他觉症状　　③自觉症状

52. 典型的他觉症状有（　　）；说话迟缓，前言不搭后语；反应迟钝，行动犹豫等。

①瞌睡，一个接一个地打哈欠

②郁闷、爱发火

③心情急躁、精神不振

53. 驾驶人在未疲劳时，对全部标志都能识别的驾驶人，疲劳后约漏看30%，识别时间要比正常时一般多（　　）倍。

①1　　②2　　③4

54. 一般来说，血液中酒精含量超过0.05%（相当于0.5mg/ml），驾驶人行为就会有（　　）。

①一定变化　　②明显变化　　③显著变化

55. 长期吸烟是青年男子患（　　）的重要原因。

①失眠　　②神经衰弱　　③心肌梗塞

56. （　　）是指在一个人处于疲劳状态时，别人会发现许多明显的症状。

①他觉症状　　②生理症状　　③精神症状

57. 驾驶人有下列（　　）情形的，不得申请增加大型客车、牵引车、中型客车准驾车型。

①醉酒后驾驶机动车的

②申请前最近连续二个记分周期内有饮酒后驾驶机动车行为的

③申请前最近连续二个记分周期内有驾驶机动车行驶超过规定时速百分之五十以上行为

三、多项选择题

1. 道路交通环境中干扰非常复杂，主要包括（　　）。

①视觉干扰　　②听觉干扰　　③突发事件干扰

2. 驾驶人获取外界的信息主要有早期信息、预见信息和（　　）。

①突显信息　　②微弱信息　　③潜伏信息

3. 驾驶人常见的异常心理主要包括自满心理、麻痹心理和（　　）。

①紧张心理　　②利弊心理　　③急躁心理

4. 驾驶人在行车过程中表现出比较严重的恐惧心理有（　　）。

①空虚的心理　　②担心的心理　　③畏惧的心理

5. 在驾驶训练初期，对出现恐惧、紧张情绪的学员，教练员可以（　　）。

①适当放慢教学进度

②多鼓励、少指责，帮助学员树立自信心

③耐心辅导，鼓励学员大胆做动作

6. 疲劳一般可以分为（　　）。

①急性疲劳　　②慢性疲劳　　③暂时疲劳。

7. 他觉症状是指在一个人处于疲劳状态时，别人会发现许多明显的症状。典型的他觉症状有（　　）等。

①瞌睡，一个接一个地打哈欠

②说话迟缓，前言不搭后语

③反应迟钝，行动犹豫

8. 感觉器官的功能会由于驾驶疲劳而发生衰退或紊乱，主要表现为(　　)，甚至产生幻觉。

①体力减弱　　②视觉模糊　　③听力下降

9. 典型的睡眠不足所导致的交通事故，主要表现为（　　）。

①正面相撞

②汽车冲出路面

③撞上汽车与物体前没有紧急制动的痕迹。

10. 教练员要让学员了解（　　）都容易使驾驶人产生驾驶疲劳。

①睡眠不足　②长时间驾驶　③患重感冒

11. 一般来说，上夜班的驾驶人和（　　）驾驶人是疲劳驾驶的高危人群。

①年轻人　　②睡眠有障碍的　　③老年人

12. 驾驶人有下列哪些情形的，不得申请增加大型客车、牵引车、中型客车准驾车型。(　　)。

①醉酒后驾驶机动车的

②在本记分周期和申请前最近连续三个记分周期内有饮酒后驾驶机动车行为的

③在本记分周期和申请前最近连续三个记分周期内有驾驶机动车行驶超过规定时速百分之五十以上行为

13. 饮酒后由于酒精使大脑中枢神经中毒，中枢神经的活动逐渐迟钝，会使驾驶人出现下列情形：(　　)。

①思维不灵敏　　②判断易出差错　　③反应时间加快

14. 驾驶人服用如下药物后一般不宜驾驶车辆：(　　)。

①治疗感冒　　②消炎止咳药　　③抗菌素药物

15. 引起疲劳驾驶的原因是多方面的，主要有驾驶人的心理因素、(　　)、时间因素以及生活环境等。

①人员因素　　②生理因素　　③道路因素

16. 在驾驶过程中遇到视觉干扰时，一般要适时采取（　　），显示车位，保持驾驶室玻璃与后视镜的清晰度，或停驶察看等措施，切不可盲目驾驶，确保行车安全。

①减速慢行　②加速通过　③开灯照明

17. 容易导致交通事故的心理状态有侥幸心理、(　　)、兴奋心理与利弊心理。

①逆反心理　②消极心理　③恐惧心理

18. 驾驶人在行车过程中表现出比较严重的恐惧心理有(　　)。

①空虚的心理　②担心的心理　③畏惧的心理

19. 在正常行驶的车辆前突然出现行人，此时，驾驶人可以通过鸣喇叭、(　　)等手段来化险为夷。

①踩制动减速停车　②踩加速踏板加速通过　③打转向躲让

20. 教练员在教育过程中应(　　)做到教学有的放矢，使学员的汽车驾驶技能训练水平上升到一个新的高度。

①因势利导　②因材施教　③粗暴对待

21. 疲劳一般可以分为(　　)。

①急性疲劳　②慢性疲劳　③长期性疲劳

22. 疲劳的特征分为：(　　)、自觉症状和精神症状。

①生理症状　②性理症状　③心理症状

23. 睡眠是驾驶人消除疲劳恢复体力、进行休整的最基本、(　　)的途径。

①最重要　②最有效　③最无效

24. 教练员饮酒后教学，产生的不良后果有(　　)。

①易导致学员对酒后驾车产生错误认识

②严重影响教学效果

③教练员对学员起了负面表率作用

25. 夜间行车，驾驶人的视觉特性表现为(　　)。

①视距变短，视野变窄

②感知能力和判断能力下降

③存在暗适应

第五章　摩托车安全驾驶教学

第一节　摩托车安全驾驶知识

认真学习《道路交通安全法》、《道路交通安全实施条例》等相关法律法规和安全行车知识是驾驶人分析各种交通情况、正确判断交通状况和保证交通安全的依据。因此，驾驶摩托车不可忽视安全。从大量的交通事故分析表明，各种车辆的交通事故，绝大多数都与驾驶人有关。

需要强调的是为了行车安全，驾驶摩托车时，驾驶人的衣、裤不宜过于肥大，袖口要扎紧，并且必须戴安全头盔。在行驶中要集中精力，不得与后乘坐人员闲谈，更不准单手驾驶摩托车或双手离把。

控制车速要遵守交通安全法律法规的规定，根据道路条件、气候条件、视野的可见度酌情确定。严禁超速行驶，牢记“十次事故九次快”。高速行驶不但有一定的危险性，而且对车辆的寿命有损害。

驾驶车辆时，要靠公路右侧行驶，不要在交通繁杂的车道之间穿梭行驶。如遇对方来车或后方要超车时，应主动减速向右侧避让。需要超越前车时，先发信号，只有在视线良好和前车让路后，在确保安全的前提下方可以从被超车辆左侧超越，严禁强行超车。

行驶中应与前车保持一定的安全距离，不能太近，以防前车紧急制动，自己来不及处理而发生追尾事故。在雨大或视线不清的情况下行驶时，须打开小灯和尾灯。

正确的驾驶姿势能减轻驾驶人的疲劳强度。驾驶时，乘坐应自然、舒适，全身肌肉放松，上半身微向前倾，头部要端正，目视正前方，做到看远顾近，注意两边，思想集中。

两手用相等的力量握持方向把，不得把方向把向怀里拉。两手对方向把的推压力大小取决于路面好坏。如在平整路面上直线行驶时，双手可用较小的力抵住方向把；在不平道路上行驶时；则一手推力较大，另一手推力较小，随时稍作方向修正，避免车头晃动。

两脚应夹紧油箱，以便当行驶在不平道路上时能容易地变座式为半蹲式。这样，容易保持车辆平衡。

两脚应可靠地踩在脚蹬上，右脚掌轻放在制动踏板上。

第二节 摩托车安全驾驶训练

一、驾驶操纵机件的识别

摩托车的主要操纵机件是：离合器握把、加速转把、前（手）制动握把、后（脚）制动踏板、起动变速杆（三轮摩托分为起动踏杆和手动变速杆）、点火开关、油箱开关、灯光开关、仪表、喇叭按钮和后视镜等。

二、驾驶操纵机件的操作方法

1. 油箱开关

起动发动机前，应将油箱开关打开，发动机熄火后应关闭开关。

2. 离合器握把

离合器握把通常装在转向把左端，用它来操纵离合器的分离与接合。捏紧握把，离合器分离，此时，可以进行挂挡或换挡；松开握把，离合器的主动片和从动片结合。

3. 加速转把

加速转把通常安装在转向把的右端。它通过钢丝绳，调节化油器节气门开度，调节混合气进入汽缸内的数量，以改变发动机的转速。

手握转把，向里转动（向着驾驶人），就可以加大供油量，发动机转速升高；向外转动（背着驾驶人）则是减小供油量，发动机转速降低。变速器挡位一定时，加速转把直接控制摩托车行驶的速度。使用加速转把时，加大供油量应缓慢增加，而减小供油量时可迅速减少。完全松开加速转把，为发动机的怠速位置。

4. 前（手）制动握把

前制动握把装在转向把右端（与加速转把并列安装），它起辅助制动作用，捏紧前制动握把，使前轮减速或停止转动。使用手制动时，应逐渐地使车减速，不宜过快、过猛，否则会因前轮突然抱死而出现翻车事故。前制动器应与后制动器配合使用，只有在上坡或两脚踏地情况下，才可单独使用前制动器。

5. 后（脚）制动踏板

后制动踏板装在摩托车的右边，位于右脚蹬前面，用右脚控制。踏下制动踏板，后轮即起制动作用；放松制动踏板，则后轮制动便解除。

6. 变速操纵杆（变速杆）

变速杆多用脚操纵，装在左脚蹬的下面。变速器通常有 3 ~5 个挡位。挡位的选用和变换，按各厂家说明书介绍的原则处理，操作前要弄清挡位的布置。一般摩托车共有 4 个前进挡，无倒挡，其变速操作为：用左脚尖向上钩起变速杆，挂上一挡，其他各挡依次往下踩变速杆，即可逐次地换入二、三、四挡。在一挡与二挡之间有一空挡。

7. 起动杆

起动之前，应将起动杆放入空挡位置（此时，空挡指示灯亮），然后将起动杆向后用力踩下，即可驱动曲轴使发动机起动，发动机起动后应立即松开起动杆，防止起动齿轮损坏。电起动时，按下起动按钮，发动机起动后迅速松开按钮。若不能起动，则单次起动时间不得超过 5s，间隔时间不得少于 15s。

8. 点火开关

点火开关一般装在转向把中间。插入钥匙，拨到“开”或“ON”的位置时，可以起动发动机；拨到“关”或“OFF”的位置时，电路即被切断。不要在停放车辆时把钥匙放在“开”的位置上，应将钥匙拔出，否则时间稍长会使蓄电池放电而亏电，或使点火线圈烧坏。

9. 转向灯开关

转向灯开关装在灯光开关边。把开关扳向左侧位置时，左前转向信号灯和左后转向信号灯闪烁（示意左转弯）；开关扳向右侧位置时，示意右转弯，转弯后驾驶人应把开关扳到中间位置，此时信号灯熄灭。

10. 阻风门

阻风门用来控制进入汽缸内的空气量。冷态下起动发动机，应将阻风门关小，减小空气量以加浓混合气，以实现顺利起动的目的。起动后，将阻风门打开。

11. 仪表

在转向把的中间位置装有仪表盘，包括速度表、里程表、燃油表、发动机温度表、故障警告灯、充电指示灯、转向信号指示灯等。

三、驾驶训练方法

1. 基本驾驶训练

摩托车的起步、变速、转弯与停车，是驾驶操作的基本动作。要掌握摩托车的驾驶技术，除了必须学习安全驾驶知识外，还应重视掌握驾驶操作的基本动作。为了保证安全，初学驾驶摩托车时，应选择空旷、平坦的场地，并由专业教练员指导。

1）起步—停车训练

（1）起步。待发动机温度达到正常后，可按下列步骤完成起步：

①开左转向灯，鸣喇叭，发出起步信号，示意周围的人、车注意，并注意观察左后视镜。

②握紧离合器握把，同时向外转动加速握把（降低供油量），左脚将变速器挂上一挡。

③从后视镜观察看后方有无来车来人，判断是否需要避让。

④缓慢地转动加速转把，同时逐渐放松离合器握把，使离合器平稳地接合。待摩托车开始平稳前进时，离合器握把才可完全松开。

⑤若离合器放得过快，供油量加得小，发动机容易熄火。

⑥若离合器放的过慢，供油量加得过大。这种情况会造成车辆不走或造成离合器片打滑而过早磨损。

⑦若供油量过大，离合器又放得很快，则会造成车辆窜动而发生危险。

起步操作只有通过反复多次练习，才能保证发动机既不会熄火，又能平稳起步。

（2）停车。车辆行驶中停车，可采取以下步骤：

①打开右转向灯，观察右侧情况。

②右手将加速转把旋至怠速位置。

③左手握紧离合器握把，用左脚将变速杆踩到空挡位置。

④适量向右扳动转向把，使车辆缓缓靠向道路右侧。

⑤右脚踏脚制动踏板，使车辆平稳停住。

2）换挡训练

当车辆起步后，根据路面情况，选择合适的挡位。摩托车在起步、爬坡和通过繁华街道、交叉路口时，应使用一挡或二挡，一般称为低速挡。在道路宽直、视线良好的路面上行驶时，应用高速挡。由低速挡换用高速挡，称为增挡；由高速挡换用低速挡，称为减挡。

（1）增挡。当车速升高，发动机达到高转速时，应及时由低速挡换入高速挡，其变速动作如下：

①用右手迅速向外转动加速握把（减少供油量），同时左手握紧离合器握把。

②用左脚将排挡换入高一级挡位。

③放开离合器握把的同时徐徐向内转动加速握地（增大供油量）。

（2）减挡。当车速降低，感觉到发动机动力不足时应及时由高速挡换入低速挡，其变速动作如下：

①迅速向外转动加速握把（降低供油量），同时握紧离合器握把。

②用左脚将排挡换入低一级挡位。

③放松离合器握把的同时徐徐向内转动加速握把。

应该明确的是换挡时，左脚操纵变速杆用力要靠脚和小腿的力量，上体应保持原来姿势，否则摩托车会因身体摆动而产生晃动，以致影响安全。

3）转弯训练

摩托车的转弯训练是很重要的，尤其是在车速较高时转弯难度较大，若掌握不好，往往会发生危险。转弯时，驾驶人应根据弯道的缓急程度和能否观察到弯道的全貌来控制车辆行驶速度。

对于弯度较小（转弯半径较大的弯道）并且能看到弯道全貌的路面，在转弯前，应迅速降低车速，进入弯道后可以徐徐加速驶出弯道。

对于弯度较大且看不到弯道全貌的路面，在转弯前和整个转弯行驶过程中，必须降低车速（对该弯道来说是绝对安全的速度）通过，待车辆驶出弯道后再逐渐加速行驶。

2. 复杂道路训练

1）凹凸路面的驾驶训练

摩托车在连续不断的凹凸路或搓板路上行驶时，须降低车速，必要时用低速挡，保持适当的速度匀速行驶。

通过凹凸较浅的路面时，遇到颠簸特别厉害的地方，可暂时切断动力，利用惯性驶过。驾驶人可稍离开座位，身体微向前倾，两手可靠地扶住车把，将身体部分重量或全部重量移到脚蹬上。

遇到凹凸较大的障碍物时，应预先减速，换入低挡，使前轮与障碍物成直角缓慢通过。前轮上障碍物时要加速，待后轮驶上障碍物后即减速，使后轮缓慢滑下障碍物。

2）通过交叉路口训练

临近交叉路口、人行横道等繁杂路段时都要低速行驶，并加倍注意交通信号、侧面和迎面的车辆及行人情况。过公路与铁路交叉路口时，要密切注意两边远方是否有火车开来，并听从道口管理人员指挥。通过无人管理的交叉路口要切实做到“一慢、二看、三通过”，严禁与火车抢行，确保安全通过。穿越铁路时，应尽可能与铁轨成直角，要低速通过，不得在铁轨上变速、起步和停车。

3）湿滑路面驾驶训练

摩托车在冰雪、泥泞等路面上行驶时，因车轮与路面附着力减小，制动效果减弱，车轮容易滑转或侧滑。转向把难于掌握，因此驾驶时应注意：

（1）滑路上起步时要尽可能地控制好供油量，切勿盲目加大供油量，造成车轮滑转或侧滑。

（2）通过滑路前，要提前减速，行驶中尽量避免变速换挡。

（3）在滑路上尽可能不使用制动器，尽量使用发动机低转速（怠速）的牵制阻力减速。

4）夜间驾驶训练

夜间行车，由于灯光照射范围和亮度有限。驾驶人的视线受到很大影响，较白天行车困难。夜间行车，驾驶人要在灯光频频晃动的情况下判断情况、选择路面，不仅眼睛容易疲劳，有时甚至会造成错觉，故对安全驾驶有一定的影响。因此，夜间驾驶训练要注意的是：

（1）夜间驾驶必须正确使用灯光。

（2）要适当控制车速，夜间车速一般应比白天低，即便道路平直和视线良好，也应考虑到对道路两侧顾及不周的死角，以防突然事件的发生。

（3）会车时，应将远光灯变为近光灯，选择好交会地段，并作好主动停让的准备。

（4）夜间行驶的安全间距应比白天大，一般约为70m左右。

(5）夜间行车应注意道路施工信号灯。在阴暗或险要地段不易辨清时，应减速或停车查看，弄清情况后再走。

(6）夜间行驶应尽量避免超车。如必须超车时，应在跟近前车的条件下，连续变换远近灯光，或同时使用喇叭，在前车让路后允许超越的情况下，方可超越，绝对不允许强行超车。

5）城市道路驾驶训练

城市道路情况复杂，行人和车辆来往频繁。驾驶人必须精力集中，认真谨慎地驾驶，确保安全行车。

城市道路驾驶训练注意事项如下：

(1）严格按照交通法规，各行其道，有秩序地行进。

(2）遵守限速规定，应与前车保持安全距离，尽量避免超车，不可抢道。注意后方超车，做到及时礼让。

(3）遇到人稀车少交通空闲时，不能麻痹大意，不能超速行驶，以防意外发生。发现行人进入机动车道，或突然横穿街道，要采取果断措施，不可有侥幸的想法。要区别情况，该慢则慢，当停则停，不可冒险加速争道抢行。

(4）经过影剧院、娱乐场所、学校放学和遇到上下班时间人众车多时，不要急躁，需要耐心、谨慎。

(5）遇到好出风头的青年，与自己驾驶的摩托车竞驶，甚至不肯让路时，应减速耐心跟行，切勿意气用事，并列挤行，或超越后突然截头猛拐，酿成事故。

(6）通过无指挥信号的路口，要“一慢、二看、三通过”。

(7）通过立体交叉路口，应按交通指示标志所规定的方向行驶。

(8）经过农贸市场和集市时，道路两旁行人、摊贩、顾客云集，遇到这种情况，要特别注意避让，不要发生碰撞事故。

(9）在市内行驶，尽量不使用喇叭和少用喇叭。

(10）城镇停车要遵守停车规定，没有停车设施时，要选择安全合适地点停放，以免阻塞交通或受其他车辆挤擦。

复　习　题

一、判断题

(　　) 1. 认真学习交通安全法及其实施细则和安全行车知识是驾驶人分析各种交通情况、正确判断交通状况和保证交通安全的依据。

(　　) 2. 从大量的交通事故分析表明，各种车辆的交通事故，绝大多数都与行人有关。

(　　) 3. 驾驶摩托车时，驾驶人的衣、裤不宜过于肥大，袖口要扎紧，并且无须戴安全头盔。

(　　) 4. 驾驶摩托车时，要靠公路右侧行驶，但在交通繁杂时可在车道之间穿梭行驶。

(　　) 5. 驾驶摩托车时，正确的姿势能减轻驾驶人的疲劳强度。

(　　) 6. 离合器握把通常装在转向把左端，用它来操纵离合器的分离与接合。

(　　) 7. 加速转把通常安装在转向把的右端。它是通过钢丝绳，使化油器的节气门开闭，调节混合气进入汽缸内的浓度，以改变发动机的转速。

(　　) 8. 前制动握把装在转向把右端（与加速转把并列安装），它起辅助制动作用，握紧前制动握把，使前轮减速或停止转动。

(　　) 9. 摩托车起动之前，应将起动杆挂入一挡位置，然后将起动杆向后用力踩下，即可驱动曲轴使发动机起动。

(　　) 10. 为了保证安全，初学驾驶摩托车时，应选择空旷、平坦的场地，由专业驾驶人指导。

(　　) 11. 转弯时，驾驶人应根据能否观察到弯道的全貌来控制车辆行驶速度。

(　　) 12. 摩托车在连续不断的凹凸路或搓板路上行驶时，须减低车速，必要时用低速挡，保持适当的速度匀速行驶。

(　　) 13. 临近交叉路口、人行横道等繁杂路段时都要低速行驶，并加倍注意交通信号、侧面和迎面的车辆及行人情况。

(　　) 14. 摩托车在冰雪、泥泞等路面上行驶时，因车轮与路面附着力增大，制动效果变好，车轮容易滑转或侧滑。

(　　) 15. 夜间行车会车时，应将远光灯变为近光灯，选择好交会地段，

并做好主动停让的准备。

（　　）16. 城市道路情况复杂，行人和车辆来往频繁。驾驶人必须精力集中，认真谨慎地驾驶，确保安全行车。

二、单项选择题

1. 摩托车在道路宽直、视线良好的路面上行驶时，应用高速挡。由低速挡换用高速挡，称为（　　）。

①拖挡　　②减挡　　③增挡

2. 当摩托车车速降低，感觉到发动机动力不足时，由高速挡换入低速挡的操作称为（　　）。

①拖挡　　②减挡　　③增挡

3. 通过凹凸较浅的路面时，遇到颠簸特别厉害的地方，可暂时切断发动机的动力，利用（　　）驶过。

①高挡　　②低挡　　③惯性

4. 摩托车在湿滑路上起步时要尽可能地控制好供油量，切勿盲目加大供油量，造成车轮（　　）。

①滑转或侧滑　　②抱死　　③滚动

5. 摩托车要适当控制车速，夜间行驶车速一般应比白天（　　）。

①高　　②低　　③不变

6. 城镇停车要遵守停车规定，没有停车设施时，要选择（　　）停放，以免阻塞交通或受其他车辆挤擦。

①较远地点　　②靠边　　③安全合适地点

7. 摩托车夜间会车时，应将远光灯变为近光灯，选择好交会地段，并做好（　　）的准备。

①主动停让　　②加速会车　　③靠边行驶

8. 摩托车在滑路上尽可能不使用制动器，尽量使用（　　）的牵制阻力减速。

①变速器　　②传动器　　③发动机怠速

9. 摩托车通过滑路前，要提前减速，行驶中尽量避免（　　）。

①匀速　　②低速　　③变速换挡

10. 摩托车起步时若离合器握把放得过快，供油量增加的少，发动机容易（　　）。

①熄火　　②打滑　　③窜动

11. 摩托车起步时缓慢地转动加速转把，同时逐渐放松离合器握把，使离合器平稳地（　　）。

①分离　　②接合　　③运转

12. 摩托车起步时应先开（　　），鸣喇叭，发出起步信号，示意周围的人、车注意，并注意观察左后视镜。

①右转向灯　　②左转向灯　　③防雾灯

13. 摩托车行驶中驾驶人两手对方向把的推压力大小取决于（　　）。

①轮胎气压　　②发动机　　③路面好坏

14. 摩托车行驶中驾驶人两脚应夹紧油箱，以便当行驶在不平道路上时，能容易地变坐式为（　　）。

①半蹲式　　②卧式　　③站式

15. 摩托车在行驶中需要超越前车时，先发出超车信号，只有在视线良好和前车让路后，在确保安全的前提下方可以从被超车辆左侧超越，严禁（　　）。

①会车　　②跟车　　③强行超车

16. 摩托车在行驶中应与前车保持一定的（　　），不能太近，以防前车紧急制动，摩托车驾驶人来不及处理而发生追尾事故。

①速度　　②安全距离　　③宽度

三、多项选择题

1. 摩托车控制车速要遵守交通安全法的规定，根据（　　）酌情来确定。

①道路条件　　②发动机动力　　③视野的可见度

2. 摩托车的（　　）与停车，是驾驶操作的基本动作。

①起步　　②变速　　③漂移

3. 摩托车在（　　）时，应使用一挡或二挡，即低速挡行驶。

①起步　　②通过繁华街道　　③交叉路口

4. 摩托车起步时若离合器握把放的过慢，供油量加得过大，则可能会造成(　　)。

①离合器片打滑　　②离合器片磨损　　③起步窜动

5. 摩托车在行驶中驾驶人要集中精力，不得（　　）。

①与后乘坐人员闲谈　②单手驾驶车辆　③双手离把

6. 摩托车行驶中如遇对方来车或后方要超车时，应（　　）。

①停车　　②主动减速　　③向右侧避让

7. 摩托车在雨天或视线不清的情况下行驶时，须打开（　　）。

①转向灯　　②小灯　　③尾灯

附录　复习题答案

第一章　交通法规知识

一、判断题

1. √　2. ×　3. ×　4. √　5. √　6. ×　7. ×

二、单项选择题

1. ②　2. ①　3. ②　4. ②　5. ①　6. ①　7. ③　8. ②

三、多项选择题

1. ①②③　2. ①③　3. ①②③

第二章　机动车驾驶人的生理心理特点与教学

一、判断题

1. √　2. √　3. ×　4. ×　5. √　6. √　7. √　8. √　9. √
10. √　11. √　12. √　13. ×　14. √　15. ×　16. ×　17. √　18. √
19. √　20. √　21. ×　22. ×　23. √　24. ×　25. √　26. √　27. ×
28. √　29. √　30. √　31. √　32. ×　33. ×　34. √　35. ×　36. √
37. √　38. √　39. ×　40. √　41. √

二、单项选择题

1. ③　2. ①　3. ②　4. ③　5. ③　6. ③　7. ②　8. ①
9. ①　10. ②　11. ②　12. ①　13. ②　14. ①　15. ①　16. ②
17. ②　18. ①　19. ①　20. ③　21. ②　22. ②　23. ①　24. ①
25. ①　26. ②　27. ③　28. ③　29. ②　30. ③

三、多项选择题

1. ①②　2. ①②③　3. ①②③　4. ①②③　5. ①②③　6. ①②③
7. ①②　8. ①②　9. ①②③　10. ①②③　11. ②③　12. ①②

13. ①② 14. ②③ 15. ①②③ 16. ①②③ 17. ①②③ 18. ①②③
19. ①②③ 20. ①②

第三章 骑车人及行人交通的生理心理分析与驾驶应对

一、判断题

1. √ 2. √ 3. √ 4. × 5. √ 6. √ 7. √ 8. × 9. √
10. √ 11. √ 12. √ 13. √ 14. √ 15. √ 16. √ 17. × 18. √
19. √ 20. √ 21. × 22. √ 23. √ 24. √ 25. √ 26. √ 27. √
28. √ 29. × 30. √ 31. × 32. √ 33. √ 34. √ 35. √ 36. √
37. √ 38. √ 39. √ 40. √ 41. √ 42. √ 43. √ 44. × 45. ×
46. × 47. × 48. × 49. √ 50. √ 51. × 52. √ 53. √ 54. ×
55. √ 56. √ 57. √ 58. √ 59. × 60. √ 61. √ 62. √ 63. ×
64. × 65. ×

45. 错误。《道路交通安全法》第五十七条规定，非机动车除遵守国家规定外，还应当遵守地方规定。

51. 错误。《道路交通安全法实施条例》第六十八条规定，此种状况下，机动车不得进入路口。

54. 错误。《道路交通安全法实施条例》第六十八条规定，在本车道内能转弯的机动车可以通行，不能转弯的，依次等候。

二、单项选择题

1. ② 2. ① 3. ③ 4. ① 5. ① 6. ② 7. ② 8. ②
9. ③ 10. ① 11. ① 12. ② 13. ③ 14. ③ 15. ① 16. ①
17. ③ 18. ③ 19. ③ 20. ③ 21. ③ 22. ③ 23. ③ 24. ③
25. ① 26. ① 27. ② 28. ① 29. ③ 30. ① 31. ② 32. ②
33. ① 34. ② 35. ③ 36. ① 37. ① 38. ② 39. ① 40. ③
41. ③ 42. ③ 43. ① 44. ① 45. ① 46. ① 47. ①

三、多项选择题

1. ①②③ 2. ①②③ 3. ①②③ 4. ①②③ 5. ①②③
6. ①② 7. ①②③ 8. ①②③ 9. ①②③ 10. ①②③
11. ①②③ 12. ①②③ 13. ①②③ 14. ②③ 15. ①②③

16. ①②③　17. ①②③　18. ①②③　19. ①②③　20. ①②③
21. ①②③　22. ①②③　23. ①②③　24. ①②③　25. ①②③
26. ②③　27. ①②③　28. ①②③　29. ①②　30. ①②

第四章　交通事故的常见因素与防范

一、判断题

1. √　2. ×　3. ×　4. √　5. ×　6. √　7. √　8. ×　9. √
10. √　11. √　12. ×　13. √　14. ×　15. ×　16. √　17. √　18. √
19. ×　20. √　21. √　22. ×　23. √　24. ×　25. √　26. ×　27. √
28. √　29. ×　30. √　31. √　32. ×　33. ×　34. ×　35. √　36. √
37. √　38. ×　39. ×　40. √　41. √　42. √　43. √　44. ×　45. √
46. ×　47. √　48. ×　49. ×　50. ×　51. ×　52. √　53. ×　54. √
55. ×　56. √　57. ×　58. ×　59. ×　60. √　61. ×　62. √　63. √

二、单项选择题

1. ①　2. ②　3. ①　4. ③　5. ②　6. ①　7. ①　8. ③　9. ③
10. ①　11. ①　12. ③　13. ②　14. ③　15. ②　16. ②　17. ①　18. ②
19. ②　20. ②　21. ③　22. ③　23. ①　24. ③　25. ②　26. ②　27. ②
28. ①　29. ①　30. ②　31. ②　32. ②　33. ①　34. ③　35. ③　36. ①
37. ②　38. ①　39. ②　40. ③　41. ①　42. ①　43. ③　44. ③　45. ③
46. ③　47. ②　48. ①　49. ②　50. ③　51. ③　52. ①　53. ②　54. ③
55. ③　56. ①　57. ①

三、多项选择题

1. ①②③　2. ①②③　3. ①③　4. ①②③　5. ①②③
6. ①②　7. ①②③　8. ②③　9. ①②③　10. ①②③
11. ①②　12. ①②③　13. ①②　14. ①②③　15. ①②
16. ①③　17. ①②③　18. ①②③　19. ①③　20. ①②
21. ①②　22. ①③　23. ①②　24. ①②③　25. ①②③

第五章　摩托车安全驾驶教学

一、判断题

1. √　2. ×　3. ×　4. ×　5. √　6. √　7. √　8. √
9. ×　10. √　11. ×　12. √　13. √　14. ×　15. √　16. √

二、单项选择题

1. ③　2. ②　3. ③　4. ①　5. ②　6. ③　7. ①　8. ③
9. ③　10. ①　11. ②　12. ②　13. ③　14. ①　15. ③　16. ②

三、多项选择题

1. ①③　2. ①②　3. ①②③　4. ①②　5. ①②③　6. ②③　7. ②③

参考文献

[1] 裴玉龙. 道路交通安全 [M]. 北京：人民交通出版社，2007.
[2] 王昆元，翁琛闵，徐霞. 道路交通运输安全知识 [M]. 北京：中国劳动社会保障出版社，2010.
[3] 宋传增. 交通安全基本规律与事故预防措施 [M]. 北京：人民交通出版社，2008.
[4] 徐鸿，廖怀高，徐建奇，等. 交通安全心理学 [M]. 成都：西南交通大学出版社，2010.
[5] 范士儒. 交通工程学教程 [M]. 修订本. 北京：中国人民公安大学出版社，2007.
[6] 应用型法律丛书编写组. 应用型道路交通安全法 [M]. 北京：中国法制出版社，2006.
[7] 刘奎文. 汽车驾驶理论 [M]. 北京：人民交通出版社，1996.
[8] 王书亭. 嘉陵系列摩托车使用与维修 [M]. 北京：人民交通出版社，1999.

参考文献

[1] [illegible][M]. 北京: 人民交通出版社, 2009.
[2] [illegible][M]. 北京: 中国[illegible]出版社, 2010.
[3] [illegible][M]. 北京: 人民交通出版社, 2005.
[4] [illegible][M]. 成都: 西南交通大学出版社, 2010.
[5] [illegible][M]. [illegible]出版社, 2007.
[6] [illegible][M]. 北京: 中国[illegible]出版社, 2006.
[7] [illegible][M]. [illegible]出版社, 1999.
[8] [illegible][M]. 北京: 人民交通出版社, 1999.